요구르트 제조의 실제

Practical Yogurt Making

농학박사 **금종수** 저

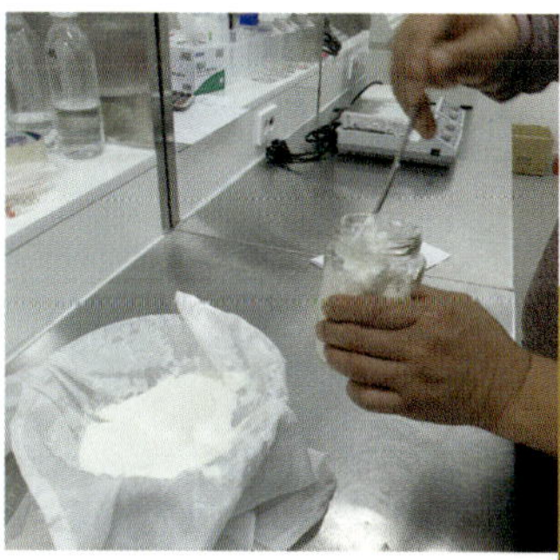

yh 도서출판 유한문화사

추 천 사

인류는 유산균의 존재가 확인되기 오래전부터 이들이 자연적으로 만들어 주는 발효식품들을 섭취하며 살아왔습니다. 또한 유산균이 만들어 준 음식을 먹기 훨씬 더 오래전부터 이미 인간의 소화 장기와 여러 점막에 정착해 살고 있었던 유산균의 도움을 받으며 함께 살아왔습니다. 이러한 과정 속에서 우리는 다양하고 유익한 발효식품들을 만들어 먹고 안전하게 저장하였으며, 건강을 자연적인 방법으로 유지할 수 있었다. 결국 유산균은 인류와 함께 한 오래된 동반자로서 긴 역사를 함께 해온 중요한 생물입니다.

요구르트(yogurt)는 인류의 유산균 동반 역사에 가장 중요한 역할을 해온 대표적인 발효 유제품으로 기원전 6000년경 전부터 기원하고 있습니다. 이후 미생물학과 분자생물학의 발전을 통해 유산균의 유익한 기능들이 과학적으로 규명이 되었고, 최근에는 인간의 질병 치료와 예방에 다양하게 활용되며, 그 중요성은 더욱 증대되고 있습니다. 따라서 전 세계적으로 유산균을 섭취할 수 있는 가장 좋은 방법 중 하나인 요구르트는 없어서는 안 될 중요한 식품으로 자리매김하고 있습니다.

전통적인 요구르트는 원유(우유, 산양유, 양유, 마유 등)가 자연적으로 접종된 유산균에 의해 발효됨으로써 저장성과 이용성이 향상된 발효 유제품입니다. 요구르트는 일반적으로 살아있는 유산균뿐만 아니라 발효과정 중에 생성되는 각종 발효 대사산물의 영양학적 효과를 함께 거둘 수 있어 전 세계적으로 소비가 지속적으로 증가하고 있습니다.

국내에서도 다양한 형태의 요구르트가 출시되고 있으며, 특히 특정 질환을 예방하고 일부 치료 효과를 기대할 수 있는 제품 영역으로까지 확대되고 있습니다. 또한 낙농산업의 다양한 발전과 더불어 시작된 체험형 목장과 잉여 원유의 원활한 이용과 상업적 가치를 제고하기 위한 방법의 일환으로 접근한 목장형 유가공사업이 2000년대 초반부터 점차 시작되어 지속적인 성장을 해오고 있습니다.

요구르트는 유산균의 관리와 발효 공정관리 등이 포함된 제품생산 및 품질관리 기술의 전문성이 없이는 정상적인 제품을 제조할 수 없으며, 특히 제품 품질의 일관성을 유지하기 어려운 분야로 알려져 있습니다. 따라서 낙농가뿐만 아니라 일반인이 요구르트 제조를 할 경우 실무적으로 필히 요구되는 현장 중심형 자료가 매우 필요한 시점입니다.

따라서 1992년부터 유제품 관련 회사에 몸담기 시작해 대학에 와서 현재까지 유제품 관련 연구를 이어오던 유가공산업 분야의 일원으로서, 『요구르트 제조의 실제』란 책의 출간을 진심으로 축하드립니다. 또한 금종수 박사님께서 35년간 몸으로 체험하며 축적해 오신 요구르트 관련 연구 및 실무적 경험이 생생하게 기술된 『요구르트 제조의 실제』에 담아 출간을 해주신다는 것에 감사한 마음을 전해드립니다.

후학을 위한 교육자료 및 요구르트 제조를 시작하는 산업계의 지침서로서 뿐만 아니라 요구르트에 관심 있는 일반인까지 무궁무진한 다양성을 가진 요구르트라는 세계를 경험할 수 있는 소중한 자료로써 부족함이 없을 것으로 생각됩니다.

앞으로 건강 지향적 식문화의 다양성 확대 측면에서도 요구르트 관련 분야는 더욱 발전해 갈 것으로 예상되며, 이 책에 담긴 내용이 이를 견인해 가는 소중한 밑거름이 되길 소망합니다.

단국대학교 생명공학대학 생명자원학부
교수 김철현

추천사

유가공업계에서 학문적 지식이나 실무적인 능력 양면에서 독보적인 존재인 금종수 박사님이 『치즈 제대로 만들기』라는 책자에 이어, 『요구르트 제조의 실제』라는 책을 새로 출간한다고 하니 자못 기대가 크다.

저자는 이 책에서 요구르트의 모든 것 뿐만 아니라, 우리 건강과 관련된 내용까지 두루 천착함으로써 관련 전공 분야의 교재로는 물론 일반인들의 상식과 교양 증진에도 더할 나위 없이 훌륭한 책자가 되리라 확신한다.

사실 우리 회사도 요구르트와 전혀 인연이 없지는 않다. 젖소가 양질의 원유를 생산하는 데 필수적인 바이패스 보호단백질을 생산, 판매할 뿐만 아니라, 최근에는 관계사(이너사이드)가 그릭요거트 사업을 시작하였기 때문이다.

아무튼 저자의 이 책이 널리 보급되어 우리나라 낙농업계 발전의 초석이 되고, 유가공산업의 성장에 활력소가 될 것이라는 데 대해 믿어 의심치 않는다.

하루하루 바쁜 일상 속에서 수많은 자료를 수집, 정리하고 체계화하여 후학들에게 모범을 보여 주신 박사님의 노고에 새삼 경의를 표하면서, 감히 독자들의 일독을 권하는 바이다.

㈜피드업 대표이사 이 혁 기

[감사의 글]

먼저 바쁜 출장 중에도 여러 가지 요구르트 사진 및 제품을 직접 구입하여 사진으로 편집해 준 듬직한 아들 명철과 며느리 하라에게 고마움을 전합니다.

그리고 34년 동안 언제나 곁에서 격려와 응원을 보내준 사랑하는 아내 소연, 교직생활 속에서도 항상 저의 버팀목이 되어 준 이쁜 딸 아영에게도 진심으로 고마움을 전합니다.

아울러 집필 과정에서 격려와 배려를 하여 주신 당진낙농축협 이경용 조합장님께도 깊은 감사를 드립니다.

또한 본 도서의 출판에 적극적인 격려와 지원을 하여 주신 ㈜피드업 이혁기 대표님께 심심한 감사의 말씀을 드립니다.

끝으로 어려운 여건 속에서도 기꺼이 출간을 해주신 유한문화사 천승배 사장님께 감사드립니다.

2023년 7월

저자 금종수

머 리 말

요구르트(yogurt)는 세계적으로 널리 소비되고 있는 가장 인기 있는 발효 유제품 중의 하나이며, 이의 영양학적 그리고 건강상의 이점은 수십 년 전부터 최근까지 과학적인 증거들이 연구의 결과물로 나타나고 있다. 요구르트의 기원은 중앙아시아의 신석기인들이 식량을 채집하던 단계에서 이들이 일부 축화(domestication)된 가축으로부터 실제로 젖을 짜기 시작하면서 식량 생산자로 전환된 시점인 기원전 6000년경으로 거슬러 올라간다. 요구르트를 포함한 발효 유제품은 양의 위로 만든 주머니에 우유를 담아 보관하던 중에 우연히 발견하게 되었고, 수세기에 걸쳐 다양한 풍미(flavors), 형태 및 조직감을 지닌 제품들이 상업적인 요구르트 제조로 진화하여 왔다.

발효유 또는 요구르트에 대한 규격은 사용하는 원료, 첨가제 및 유산균의 종류와 생균수 등에 따라 국가별로 다소 차이가 있다. 국제식품규격위원회(CODEX Alimentarius Commission)의 발효유(fermented milk)에 대한 정의는 "공생관계에 있는 2종의 *Streptococcus thermophilus*와 *Lactobacillus delbrueckii* subsp. *bulgaricus* 유산균이 우유를 젖산 발효시켜 얻어지는 발효 유제품으로, 유산균은 일정 수준 이상으로 반드시 생균(viable) 상태로 존재해야 한다" 라고 규정하고 있다.

한편, 미국 식품의약국 FDA(Food & Drug Administration)는 「요구르트란 크림, 우유, 부분 탈지유 및 탈지유와 같은 원료를 단독 또는 조합한 혼합물에 유산을 생성하는 특정의 미생물인 *Streptococcus thermophilus*와 *Lactobacillus delbrueckii* subsp. *bulgaricus*를 첨가, 배양하여 생산한 식품」으로 정의하고 있다. 또한 요구르트는 유지방 함량 3.25%, 무지유고형분인 MSNF(milk solids non fat) 함량은 8.25% 이상, 그리고 적정산도는 유산으로 표현하여 0.9% 미만으로 규정하고 있다.

영양적인 측면에서 요구르트는 영양소의 소화율과 생체이용률(bioavailability)이 높아 건강식품으로 꼽히고 있으며 그리고 유당불내증(lactose intolerance), 염증성 장질환(inflammatory bowel disease), 정서적 긴장이나 스트레스로 인하여 장관의 운동 및 분비 등에 기능장애를 일으키는 과민성 대장증후군(irritable bowel disease) 같은 위장 장애(gastrointestinal disorder), 면역기능 향상과 체중조절 등에 효과가 있는 것으로 알려져 있다.

요구르트 소비와 관련된 이러한 건강상의 이점들 때문에 요구르트의 생산과 소비는 증가 추세에 있고, 요구르트는 현재 시장에서 가장 빠르게 성장하는 유제품 카테고리에 속한다. 이러한 요구르트의 건강 증진 효과에 힘입어 전 세계 발효유 생산량은 2010년 23,257천 톤에서 2021년에는 31,350천 톤으로 크게 증가하였다. 우리나라는 2021년 기준 발효유 생산량은 약 579천 톤, 국민 1인당 평균 소비량은 11.1kg으로 나타났다.

자연이 인류에게 선사한 경이로운 식품으로도 불리는 요구르트는 소, 물소, 양, 염소, 야크, 말 및 낙타 등과 같이 아주 오래 전부터 축화 된 가축의 젖을 가지고 만든다. 필자가 상업화된 요구르트 제조에 직접적으로 업무에 참여하게 된 시기는 1988년 서울올림픽이 끝난 후 1990년대 초이다. 당시 우리나라의 요구르트 제품은 야쿠르트(Yakult)라는 상품명으로 대표되는 65mℓ와 80mℓ 용량의 액상 요구르트가 거의 대부분이었다. 올림픽 이후 일부 유업체에서 딸기 시럽 등을 첨가한 떠먹는 요구르트 또는 호상 요구르트(stirred yogurt)가 출시되기 시작하였다. 이후 농후발효유 형태의 마시는 드링크 요구르트(drink yogurt)가 선보이면서 제2세대의 요구르트 시장이 문을 열게 되었다.

필자는 당시 회사의 치즈 개발 업무가 종료되고 농후발효유 시장에 본격적으로 진출하면서 치즈 및 신제품 발효유(호상, 드링크)의 품질보증 업무와 함께 호상 요구르트 벌크 스타터 조제 및 관리업무를 병행하였다. 이와 관련된 자세한 내용은 본 장에 상세히 기술되어 있다.

본 저서는 필자가 유가공업체에 근무하면서 실행하였던 이론과 실무를 중심으로 요구르트의 역사, 제조 원리, 제품별 제조공정, 발효유의 건강증진 효과 등에 관하여 상세히 설명함으로써 발효유 제조에 관심이 있는 초보자는 물론 유가공업 종사자 특히 목장형 유가공공장을 운영하는 사람들에게 큰 기술적 보탬이 될 것으로 기대한다.

2023년 7월

저자 금 종 수

차 례

제 4 장 요구르트 유산균과 프로바이오틱스 / 55

제 5 장 요구르트 제조 원료 및 첨가제의 특성 / 69

제 6 장 요구르트 제조 공정별 특성 / 85

제 7 장 요구르트 유형별 세부 제조공정 / 105

제 10 장 발효유의 건강증진 효과 / 147

제 11 장 요구르트의 이용 / 179

제1장

요구르트의 역사
(History of yogurt)

1. 요구르트의 세계사

지금의 요구르트를 처음 발명한 지역은 어디일까? 이러한 의구심을 가지고 있다면 다양한 매체를 통하여 여러분은 아마도 요구르트는 현재의 중앙아시아(터키 포함) 지역에서 유래되었다는 것을 짐작할 수 있을 것이다. 이는 현재 코카서스 지방의 엘브루스산(Mount Elbrus) 남쪽 지역을 의미한다.

요구르트는 아시아, 유럽 및 중동에서 수천 년 전으로 거슬러 올라가는 아주 오래된 전파 경로의 뿌리를 가지고 있다. 요구르트가 처음으로 만들어진 시기는 신석기 시대(기원전 5000년경)의 메소포타미아(Mesopotamia) 지역인 것으로 나타났다. 이는 요구르트의 탄생이 7000년 전이었나는 것을 의미한다. 버터와 마찬가지로 요구르트는 우유가 미생물(주로 유산균)에 노출되거나 또는 적정한 온도에서 산성화 되었을 때 우연히 만들어진 것으로 여겨진다.

그림 1-1. 필자가 유가공공장에서 제조한 드링크 요구르트
(2022년 8월, 플레인과 블루베리)

11세기(기원전 1100~1001)의 터키 문헌에서는 터키 유목민들이 요구르트를 만들어 먹었음을 언급하고 있다. 발굴된 고대 도자기는 신석기 시대의 사람들이 우유를 저장하기 위해 항아리(pottery)를 사용했다는 하나의 증거가 된다. 그리고 발효식품으로서 요구르트는 자연적인 발효에 의해 생성된 산도(acidity)가 유해한 미생물의 성장을 지연시키기 때문에 우유를 보다 오래 보존할 수 있는 좋은 방법 중의 하나였다.

요구르트는 고대 그리스에서도 잘 알려진 제품이었다. 오늘날 주로 유산균에 의해 우유 등을 발효시켜서 산미와 특수한 풍미가 나는 발효유인 사워 밀크(sour milk)와 유사한 옥시갈라(oxygala)를 당시의 냉장고가 없던 시절의 그리스나 로마인들은 꿀과 함께 즐겨 먹었다.

요구르트(yogurt 또는 yoghurt, yoghourt)는 체내의 장관에서 생존 가능한 미생물 균주인 스트렙토코커스 써모필러스(*Streptococcus thermophilus*)와 락토바실러스 불가리쿠스(*Lactobacillus bulgaricus*)에 의해 일정량의 유당이 분해된 발효유(fermented milk) 제품으로 정의하고 있다. 이러한 요구르트는 단백질, 칼슘, 칼륨, 인, 비타민 B_2와 B_{12}를 포함한 몇몇 필수 영양소의 주요 공급원이며, 영양성분 강화의 운반체 역할을 하고 있다.

요구르트는 수천 년 동안 세계 각 지역별로 다양한 이름으로 불리면서 고대부터 이용되었던 식품 중의 하나이다. 카띠크(Katyk, 아르메니아), 다히(Dahi, 인도), 자바디(Zabadi, 이집트), 머스트(Mast, 이란), 라반(Laban, 이라크, 레바논), 로바(Roba, 수단), 이오굴찌(Iogurte, 브라질), 쿠아하다(Cuajada, 스페인), 코알랴다(Coalhada, 포르투갈), 도브가(Dovga, 아제르바이젠) 및 마쪼니(Matsoni, 조지아, 러시아)가 각국에서 요구르트 제품에 사용하는 주요 명칭이다.

우유를 생산하는 동물(소, 양, 염소, 야크, 말, 물소, 낙타 등)의 축화(domestication)와 더불어 유제품은 기원전 10000~5000년경에 인간의 일상적인 식단에 포함되었던 것으로 여겨진다. 그러나 우유는 쉽게 부패하여 사용하기가 어려웠다. 당시에 중동 지역의 목동들은 가축의 내장으로 만든 자루에 우유(염소 젖)를 담아 운반했다. 내장에 남아 있던 장액과 우유가 접촉하여 우유를 응고(커드화)시키고 신맛을 유발하였는데, 이러한 일련의 현상을 통하여 부패하기가 쉬운 유제품의 장기 보존이 가능하다는 사실을 우연히 발견하게 된 것이다.

기원전 6000년경부터 시작된 인도의 아유르베다(Ayurvedic) 문자에는 발효 유제품을 섭취하는 것이 건강에 도움을 준다는 내용이 기록되어 있다. 또한 고대 인도에서는 요구르트와 꿀의 조합을 "신들의 음식"이라 부르기도 하였다. 오늘날에도 인도 요리에는 700종 이상의 요구르트와 치즈 제품을 포함하고 있다.

인도의 문헌에는 계피(cinnamon)와 겨자씨(mustard seed)를 첨가하여 맛을 낸 요구르트를 기원전 1556년부터 1605년까지 인도를 통치한 황제 아크바 Ⅰ세(Akbar Ⅰ)의 식탁에는 항상 있었다고 기록되어 있다. 그리고 내낙(奶酪, nailao)이라 불리는 걸쭉한 요구르트(일명 치즈) 같은 간식은 적어도 1800년대부터 중국 인근 지역에서 먹어온 것으로 알려져 있다.

수천 년 동안 요구르트를 만드는 일은 우유를 건조시키는 것 외에는 우유를 보존할 수 있는 것으로 알려진 유일하고도 안전한 방법이었다. 요구르트는 그리스와 로마제국에서 잘 알려져 있었고, 그리스인들은 기원전 100년에 처음으로 그것을 언급하면서, 당시 문명이 발달한 국가들에서 요구르트의 음용에 주목하였다.

성경의 욥기(Book of Job)에서 아브라함(Abraham)은 요구르트를 먹음으로 인해 장수와 풍요로움을 얻었고, 많은 역사학자들이 요구르트에 대한 언급으로 "젖과 꿀이 흐르는 땅(the Land of Milk and Honey)"에 대한 다수의 인용이 있었다. 그리고 우리가 통상 사용하는 "요구르트(Yogurt)"라는 단어는 농후화(thicken)되면서 응고되었거나 또는 커드화 된 것을 의미하는 터키어 단어 요우르막(yoğurmak)에서 유래한 것으로 알려져 있다. 터키인들은 설사와 경련 그리고 햇볕에 탄 피부의 불편함을 완화시키는 등의 다양한 질병과 증상에 대한 요구르트의 약효를 최초로 평가하였다.

몽골 제국의 창시자인 칭기즈칸(Genghis Khan)은 몽골인 식단의 주식인 요구르트가 자신이 우려하는 것에 용기를 불어넣어 준다는 믿음을 가지고 군인들에게 요구르트를 제공한 것으로 알려져 있다. 즉, 요구르트와 같은 발효 유제품들은 12세기 말에서 13세기 초에 징기스칸의 몽골 군대에서 매우 중요한 식품이었다. 칸은 그의 병사들이 지닌 특별한 용기는 규칙적으로 요구르트를 먹은 덕분이라고 믿었기 때문이다.

1542년 프랑스 국왕 프랑수아즈 Ⅰ세(Francoise Ⅰ)는 심한 설사 치료를 위해 터키 동맹국들로부터 요구르트를 제공받은 이후, 이 유제품을 서유럽에 소개하였다. 이후 요구르트에 계피(시나몬, cinnamon), 꿀, 과일 및 감미료 등 같은 다양한 원료들을 혼합하여 후식으로 사용하였다. 20세기에 이르러서야 연구자들은 요구르트 소비와 관련된 효능에 대한 연구를 본격적으로 시작하였다. 1905년 불가리아의 의대생이었던 그리고로프(Stamen Grigorov)는 오늘날에도 요구르트 배양액(culture)으로 여전히 사용하고 있는 유산균인 *Lactobacillus bulgaricus*(과거명 *Bacillus bulgaricus*)를 최초로 발견하였다.

그리고로프의 발표를 기초로 하여 러시아의 노벨상 수상자인 파리 파스퇴르 연구소의 메치니코프(Yllia 또는 Elie Metchnikoff, 1845～1916)는 1908년 생명의 연장(the prolongation of life)이라는 논문을 발표하였다. 그리고 1909년 요구르트에 함유되어 있는 미생물인 락토바실리(lactobacilli)가 불가리아 농촌 인구의 장수와 관련이 있다고 제안했다. 즉, 요구르트는 1904년 메치니코프(Elie Metchnikoff) 박사가 파리의 파스퇴르 연구소에서 강의한 후 유명해진 것으로 볼 수가 있다. 메치니코프는 불가리아인들 사이에 장수하는 사람들이 많은 이유 중의 하나로 요구르트에 함유되어 있는 유익한 유산균(*lactobacilli*)에 기인된 것일 수 있다고 주장하였다.

이후 요구르트 관련 기사가 1면 뉴스로 등장하였고, 요구르트 열풍을 일으켰다. 이러한 폭발적인 관심은 빠르게 북미 대륙으로 퍼져나갔고, 모든 사람들이 요구르트 제품 맛보기를 열망하였다.

켈로그 박사(John Harvey Kellogg)는 미시간에서 1940년대에 설립하여 운영 중인 요양원(Battle Greek Sanitarium)의 환자들에게 관장제(enemas)로 한 사람당 요구르트 약 470 mℓ를 공급하기도 하였다. 켈로그 박사는 요구르트에 함유되어 있는 미생물(유산균)이 질병을 물리친다고 믿었으며, 이어서 요구르트는 약국에서 구입할 수 있게 되었다. 이는 지속적인 소화 장애로 고생하던 프랑스 국왕 프랑수아즈 I 세(1542년)에게 치료제의 일종으로 요구르트가 처방되었을 때로의 완전한 회귀 여행이었다.

20세기 초에 요구르트는 건강상의 효능이 알려지게 되면서 약국에서는 약품 형태로 판매되기도 하였다. 요구르트 상업적인 성공은 1919년 당시 약사이었던 아이작 카라소(Issac Carasso, 1874～1939)가 스페인 바르셀로나에 설립한 다농(Danone)이라는 소규모 발효유 공장에서 딸기 잼을 첨가한 요구르트를 생산하면서부터이다.

이후 2차 세계대전 당시 나치의 점령으로부터 벗어나 미국으로 이주한 아이작 카라소의 손자인 다니엘 카라소(Daniel Carasso)가 다농(Danone company)이라는 회사를 정식으로 설립하였다(1929년 다농 공장을 프랑스에 설립). 요구르트에 대한 최

그림 1-2. “Yakult”와 2022년 현재 국내에서 판매 중인 액상 요구르트

초의 실험실적인 시험 생산과 본격적인 생산 공장의 설립 및 가동은 프랑스는 1932년 그리고 미국에서는 1941년부터 시작되었다.

아시아권에서는 1930년에 락토바실러스 카제이(*Lactobacillus casei* strain Shirota) 균주가 일본인 과학자인 시로타(Minoru Shirota) 박사에 의해 분리, 순수 배양되었다. 경도대학 의학부의 미생물학자였던 시로타 박사가 발견한 카제이균(이하 LcS)은 생균 상태로 장에 닿을 수 있어, 장의 건강과 균형 유지에 도움을 주는 것으로 알려졌다. 이를 근거로 1935년에 이 균주를 첨가하여 배양한 탈지유 음료(skimmed milk drink)가 야쿠르트(Yakult)란 상품명으로 판매가 시작되었다.

2차 세계대전이 끝나고 1950년대로 들어서면서 요구르트 제조 기술과 제품의 관능적 특성에 영향을 미치는 여러 가지 요인들의 해결 방안에 대한 급속한 발전이 이루어졌다. 순수 미생물 배양액(pure cultures)을 사용함으로써 다양한 발효 유제품을 제조함은 물론 현대적인 제조 설비의 사용을 통하여 연속적인 제조공정이 가능해졌다. 또한 과일잼 등을 첨가하여 다양한 풍미를 지닌 다양한 요구르트 제품이 등장하였고, 그 결과 이들 제품의 소비를 촉진하는 데도 기여하였다. 미생물학의 진보는 요구르트의 영양 및 생리학적 가치와 관능적인 특성에 있어 미생물 배양액의 건강증진 효과를 명확하게 규명할 수 있는 계기가 되었다.

그리고 1960년대 이후에는 요구르트의 영양가치(dietetic value)를 증진시킬 목적으로 *Lactobacillus acidophilus* 및 *Bifidobacterium lactis* 같은 미생물을 사용함으로써 Aco-Yoghurt, Acidophilus-Bifidus-Yoghurt 또는 Special-Yoghurt 같은 새로운 발효 유제품이 출시되었다. *Lactobacillus acidophilus* 또는 추가적으로 *Bifidobacterium lactis*에 *Streptococcus thermophilus* 균주를 혼합한 Bioghurt 및 Biogarde 같은 유사한 제품이 등장하기도 하였다.

오늘날 요구르트는 엄격한 기준 하에 선발하여 정제된 살아있는 미생물(주로 유산균)을 우유에 첨가, 발효 및 산성화시킨 다음 농후화(thickened)된 상태에서 종종 풍미성분(향, 과일잼 등)을 첨가하여 만든 유통기한이 연장된 제품이다. 요구르트는 필수 영양소를 함유하고 있음은 물론 첨가한 프로바이오틱스, 섬유소, 비타민 및 무기질 등 첨가한 강화성분의 운반체 역할을 한다. 또한 농도와 향에 영향을 미치는 감미료, 과일잼, 풍미성분 등을 첨가하여 쉽게 변형이 가능한 제품이다.

일반적으로 요구르트는 무균 환경조건에서 36~42℃의 낮은 온도로 4~8시간 동안 첨가된 2종의 미생물(*S. thermophilus, L. bulgaricus*)에 의한 공생작용(symbiosis)의 결과 만들어진 제품으로 정의되고 있다(살아있는 생균수는 10^7균/g 또는 10^8 cfu/g 이상).

표 1-1. 요구르트의 기원 및 발전 과정의 주요 연대기

연 대	주요 내용
기원전 10000~5000	ㅇ 신석기 시대, 동굴 생활 ㅇ 가축의 축화 시작, 요구르트 흔적 발견 ㅇ 축화된 가축부터 착유한 젖을 식량으로 이용
기원전 2000	ㅇ 우유를 저장하여 보존성을 높이는 방법을 우연한 기회에 발견 ㅇ 중동 지역, 염소 가죽으로 만든 용기(goatskin bags)에 우유를 담아 이동 중 장액에 의해 우유가 발효되어 시큼한 형태로 변형 (최초의 요구르트) - 따뜻한 기후조건에서 우유를 발효시키는 원시적인 방법 ㅇ 인도와 페르시아(이란) 지역에서도 요구르트를 이용 ㅇ 요구르트를 피부미용을 위한 보습제로 사용
기원전 100	ㅇ 요구르트에 관한 최초의 기록, 고대 로마 정치가이며 박물학자이었던 대플리니우스 또는 가이우스 플리니우스 세쿤두스(Pliny the Elder) - 요구르트에 관한 가장 오래된 문헌, 일부 유목민 부족들은 우유를 발효시켜 먹기에 적당한 산도에 도달하도록 하는 방법을 알고 있었다고 언급 ㅇ 성경과 더 정확히는 기원전 600~400년 사이에 쓰여진 욥기에서 "젖과 꿀이 흐르는 땅"이라는 구절이 몇몇 역사가들에 의해 요구르트에 대한 언급으로 해석되기도 함.
950~1072년	ㅇ 요구르트(Yogurt)라는 단어는 농후화(thicken)되면서 응고되었거나 또는 커드화 된 것을 의미하는 터키어 단어인 요우르막(yoğurmak)에서 유래 ㅇ 11세기 마흐무트 알-카쉬가리(Mahmud al-Kashgari)의 저서 투르크어 대사전(Diwan Lughat al-Turk) - 투르크족은 설사와 경련 그리고 햇볕에 탄 피부의 불편함을 완화시키는 데에 요구르트 사용을 언급 ㅇ 세정(cleaning) 및 피부미용에도 요구르트를 사용
1208년	ㅇ 몽골 제국의 창시자인 칭기즈칸(Genghis Khan)은 몽골인 식단의 주식인 요구르트를 군사들에게 정기적으로 제공(강인한 체력과 용기를 갖게 함)
1542년	ㅇ 프랑스 국왕 프랑수아즈 I 세(Francoise I)는 심한 설사 치료를 위해 터키 동맹국들로부터 제공받은 요구르트를 이용 - 요구르트 제품을 서유럽에 소개 ㅇ 발칸 및 아시아 지역(러시아 제국과 인도 등)에서도 전통적으로 요구르트를 이용함.

연 대	주요 내용
1905년	ㅇ 불가리아 의대생, 그리고로프(Stamen Grigorov) - 오늘날에도 요구르트 배양액(culture)으로 여전히 사용하고 있는 유산균인 *Lactobacillus bulgaricus*(과거명 *Bacillus bulgaricus*)를 최초로 발견
1909년	ㅇ 러시아 노벨상 수상자, 메치니코프(Yllia 또는 Elie Metchnikoff) - 1908년 생명의 연장(the prolongation of life)이라는 논문을 발표 ㅇ 1909년 요구르트에 함유되어 있는 미생물인 락토바실리(lactobacilli)가 불가리아 농촌 인구의 장수와 관련이 있다고 제안
1919년	ㅇ 약사인 아이작 카라소(Issac Carasso) - 스페인 바르셀로나에 설립한 다농(Danone)이라는 소규모 발효유 공장에서 딸기 잼을 첨가한 요구르트를 상업적으로 최초 생산(약국에서 판매)
1935년	ㅇ 1930년, 일본인 과학자인 시로타 박사(Minoru Shirota) - 락토바실러스 카제이(*Lactobacillus casei strain Shirota*) 균주를 분리, 순수 배양 ㅇ 1935년, 카제이 균주를 첨가하여 배양한 탈지유 음료(skimmed milk drink)가 야쿠르트(Yakult)란 상품명으로 판매 시작
1960년대	ㅇ 요구르트의 영양가치(dietetic value)를 증진시킬 목적 - *Lactobacillus acidophilus* 및 *Bifidobacterium lactis* 같은 균주를 사용한 Aco-Yoghurt, Acidophilus-Bifidus-Yoghurt 같은 새로운 발효 유제품 출시 ㅇ *Lactobacillus acidophilus* 또는 추가적으로 *Bifidobacterium lactis*에 *Streptococcus thermophilus* 균주를 혼합한 Bioghurt 및 Biogarde 같은 제품이 등장
1985년	ㅇ 고르바흐와 골딘 교수(Sherwood Gorbach & Barry Goldin) - 1985년 4월, *L. rhamnosus* GG(ATCC 53103) 균주를 성인의 분변에서 분리, 동정(특허 등록)
2010년대 이후	ㅇ 이전부터 국제식품규격위원회(CODEX)에서 요구르트에 대한 규정 제정 ㅇ 건강식품으로 널리 인식되고 있으며, 요구르트 최대 소비 국가는 러시아, 네덜란드, 터키, 프랑스, 스페인 및 독일 등 6개국 ㅇ 요구르트는 오늘날 우리의 식습관에 깊이 뿌리를 두고 있음. ㅇ 소비자들은 요구르트를 통한 더 건강한 영양공급과 생활습관 유지를 지향하고 있음.

표 1-2. 세계의 다른 지역에서 유래된 요구르트 및 요구르트 유사 제품의 국가별 전통적인 명칭

지 역	원산지 또는 국가	요구르트 및 유사 제품의 전통적인 명칭
유 럽	터 키	Jugurt / Eyra / Ayran
	발 칸	Kisselmleka / Naja / Yaourt
	발칸산맥	Urgotnic
	그리스	Yiaourti
	이탈리아	Cieddu
	시칠리아	Mezzoradu
	사르데냐	Gioddu
	헝가리	Tarho / Taho
	핀란드	Viili
	스칸디나비아	Filmjolk / Fillbunke / Surmelk / Taettem
	아이슬란드	Skyr
	유고슬라비아	Gruzoviz
	포르투갈	Iogurte
유라시아	러시아	Donskaya / Varennetes / Ryzhenka / Guslyanka
	투르케스탄	Busa
	트랜스코카시아 (아르메니아, 아제르바이잔, 조지아)	Katyk
	아르메니아	Mazun / Matzoon / Matsun / Matsoni / Madzoon
중동 및 아시아	레바논 및 일부 아랍국가	Leban / Laban
	이집트, 수단	Zabady / Zabade
	이란, 아프카니스탄	Mast / Dough / Doogh
	이라크	Roba/Rob
	인 도	Dahi / Dadhi / Dahee
	몽 골	Tarag
	네 팔	Shosim / Sho / Thara

※ 북미 지역: yogurt / 프랑스어 사용 캐나다 지역: yogourt / 영국, 호주 및 뉴질랜드: yoghurt

2. 발칸(Balkan) 지역의 전통 발효유

우리가 일반적으로 요구르트는 전 세계적으로 거의 같은 것이라고 생각하고 있다면, 불가리아인들은 그들 자신만의 독자적인 요구르트 제조 방법(recipe)을 아주 오래 전부터 가지고 있었다는 것에 다시 주목해야 할 것이다. 이들의 전통적인 요구르트 제조 방법은 수세기에 걸쳐 완성되었으며, 오늘날에도 동일한 규칙이 적용되고 있다. 우리는 보통 이러한 제품을 요구르트라고 부르지만, 불가리아에서는 사워 밀크(sour milk, 주로 유산균에 의해 우유 등을 발효시켜 신맛과 특이한 풍미를 지닌 발효유)로 알려져 있다.

제품의 이름이 어떻게 불리든 큰 문제는 없다. 이것은 분명히 동일한 풍미를 지닌 제품이기 때문이다. 많은 사람들은 이 요구르트 제조 방법이 4000년 전에 만들어진 것으로 믿고 있다. 키셀로 믈랴코(Kiselo mlyako 또는 Bulgarian yogurt)는 오늘날에도 여전히 같은 방법으로 만들어지고 있다. 이에 발칸(Balkan) 지역의 전통 발효유에 대하여 간략히 살펴보고자 한다.

발칸 반도(Balkan peninsula)는 유럽의 남동부 지역에 위치하고 있다. 이곳은 알바니아, 그리스, 불가리아, 북마케도니아, 보스니아 헤르체고비나, 코소보 몬테네그로와 세르비아, 크로아티아, 슬로베니아 영토의 대부분과 루마니아, 터키 및 이탈리아 일부 지역을 포함하고 있다. 발칸 지역은 역사적으로나 전통적으로 여러 가지 발효유를 생산하는 데 중요한 역할을 하였다. 오늘날 세계 각지에서 발효유를 생산하고 있으며, 생산 방법은 고대의 전통적인 방식에 과학적인 이론과 현대적인 유가공 기술이 복합적으로 적용되고 있다.

그림 1-3. 불가리아 전통 요구르트인 키셀로 믈라코의 형상

발칸 반도에서 전통적으로 중요한 발효 유제품은 요구르트이며, Kiselo mlyako(불가리아), Kiselo mleko(북마케도니아, 세르비아), Kislo mleko(슬로베니아), Kiselo mlijeko(보스니아 헤르체고비나), yoğurt 및 Ayran(터키), giaurti(그리스) 등의 다양한 이름으로 불리고 있다.

일상적인 생활 속에서 그리고 서로 다른 민족 집단은 전통적으로 우유를 발효시키는 다양한 제조 기술들을 확립하여 왔다. 이러한 기술을 통하여 생산되는 유제품은 국가의 역사적인 발전 과정에서 지리적·민족적 특수성을 직접적으로 반영하고 있다.

20세기에 들어서면서 노벨상 수상자인 메치니코프(Yllia 또는 Elie Metchnikoff, 1845~1916) 박사는 불가리아 지역 주민들의 노화현상과 발효유의 관련성에 대하여 처음으로 언급하였다. 메치니코프 박사는 사람들이 음식물을 섭취하는 동안에 이들 음식에 함유되어 있는 단백질 성분이 대장에서 부패균(putrefactive bacteria)에 의해 분해되어 독성 아민(toxic amine)을 생성하며, 이들 아민 성분이 인체에 독성으로 축적되어 조기 사망에 이르게 한다고 가정하였다.

그는 인체의 장내에서 부패균의 성장을 제한할 수 있는 음식은 적정 수준의 락토바실리(lactobacilli)가 함유되어 있는 불가리아 요구르트(키셀로 믈랴코)라는 것을 증명하였다. 즉 불가리아 지역에 100세 이상 노인의 인구수가 가장 많다는 사실을 설명하였고, 이러한 사실을 뒷받침하는 근거로 불가리아 요구르트의 정기적인 섭취 때문인 것으로 결론지었다.

사실 불가리아 요구르트의 미생물 균총에 대하여 최초로 연구한 사람은 미생물학자이자 의사였던 불가리아인 그리고로프(Stamen Grigorov, 1878~1945)이었다. 그리고로프는 1905년에 불가리아 요구르트에 함유되어 있는 미생물은 막대모양(rod-shaped)과 구상(coccus 또는 globular-shaped)의 유산균으로 구성되어 있다는 것을 증명하였다. 그리고 1907년에 막대모양의 유산균을 "*Lactobacillus bulgaricus*"라 명명하였다. 그리고 1917년 올라 옌센(Orla Jensen)은 요구르트의 발효과정에는 구균 형태의 유산균도 참여하고 있음을 증명하고, 이를 "*Streptoccus thermophilus*"라는 명칭으로 분류하였다. 한편, 발칸 반도 지역에서 발효유를 분류하는 기본 원칙은 다음과 같다.

① 사용 원료(젖)의 종류 : 젖소, 양, 염소, 물소 젖 또는 이들의 혼합물
② 최종 제품의 지방 함량 : 탈지, 저지방, 지방함량 무조정((full-fat) 및 고지방
③ 우유 발효에 사용하는 미생물(유산균)의 종류
④ 최종 제품의 농도(밀도) : 농축된 응고물 또는 분쇄된 응고물
⑤ 당류 및 과일 시럽 등의 기타 원료 첨가

요구르트의 생산은 수천 년 간에 걸쳐 축적된 기술이며, 이의 제조와 관련된 지식은 각 세대를 통하여 연속적으로 전해져 왔다. 그러면 무엇이 진정한 불가리아 요구르트일까? 그 비밀은 이 발효 유제품을 만드는 데 사용하는 살아있는 미생물(live bacteria)에 있다.

이러한 형태의 요구르트는 오직 두 종류의 미생물을 가지고 만드는데, 불가리아 지역이 원산지이고, 오직 그곳에서만 자연적으로 발견되는 "Lactobacillus Bulgaricus"로 알려진 *Lactobacillus delbrueckii* subspecies *bulgaricus*와 그리고 구균의 일종인 *Streptococcus salivarius* subspecies *thermophilus* 이다.

이들 두 종의 미생물은 우유의 발효공정을 개시하는 능력이 뛰어나기 때문에 대부분의 키셀로 믈랴코 제조에는 이들 미생물이 사용되지만, 이는 다른 유용한 미생물이 이들 요구르트에서 발견될 수 없다는 것을 의미하는 것은 아니다. 보통 집에서 만든 키셀로 믈랴코는 인체의 소화기 계통에 유용한 것으로 여겨지는 다른 미생물을 함유할 수도 있다. 그러나 앞서 언급한 두 종의 미생물이 발효유의 농도(조직), 산도 및 풍미 생성에 깊이 관여하는 것으로 알려져 있다.

사실적인 관계를 떠나 이들 두 미생물 중 어떤 미생물이 먼저 우유에 첨가되어 발효 공정에 관여하는지를 살펴보자. 발칸 지역에서는 Lactobacillus Bulgaricus의 생육에 이상적인 환경을 만드는 *Streptococcus thermophilus* 균주를 우유에 먼저 첨가한다. 이어서 Lactobacillus Bulgaricus가 증식에 적합한 환경 속에서 우유를 농후화 시키고 신선하고 맛있는 요구르트로 전환시키는 역할을 수행한다.

불가리아 요구르트를 먹어본 사람들은 세계에서 생산되는 어떠한 다른 요구르트라도 키셀로 믈라코의 맛과 비교할 수 없다고 말하기도 한다. 불가리아인들은 지금도 자신들의 요구르트를 매우 높이 평가하고 있으며, 국민 1인당 연평균 28.9 kg(2021년 기준)을 소비하고 있다.

키셀로 믈라코가 살아있는 미생물을 함유하고 있다는 사실은 소화기 계통뿐만 아니라 일반적인 건강에도 매우 유익하게 작용한다는 증거가 된다. 실제로 많은 불가리아인들이 100세 혹은 그 이상의 고령으로 사는 인구가 많은 것을 고려하면, 이들이 프로바이오틱스 미생물이 함유된 발효유를 지속적으로 섭취한 것에 기인한 것으로 여겨진다.

불가리아의 전통적인 요구르트에 함유되어 있는 유용한 미생물은 우리가 보통 이야기하는 프로바이오틱스의 일종이다. 우리의 장관에 이러한 미생물이 존재하고 있으면 면역체계가 강화되고 감염을 막을 수 있다. 건강한 소화 시스템은 건강한 신체에 필수적인 것으로 알려져 있다.

위에서 여러 번 언급한 바와 같이 *Lactobacillus delbrueckii* subspecies *bulgaricus*와 *Streptococcus salivarius* subspecies *thermophilus*는 요구르트 생산에 기본적으로 사용되는 유산균이다.

발칸 지역 역시 주된 요구르트는 정치형(set-style), 교반형(stirred-type) 및 드링크형의 3종의 형태로 구분이 된다. 정치형은 최종 포장상태에서 배양 및 냉각이 실시하여 안정적인 겔 구조를 유지하는 반면에, 다른 두 가지 형태는 최종 응고물을 분쇄 및 교반하거나 균질 공정(homogenization)을 거쳐 점도를 낮추어 마시기 쉬운 형태로 만든 다음에 냉각 및 포장을 한다.

불가리아에서 생산되는 발효유 제품 중에서 정치형의 전통 불가리아 요구르트가 약 80%를 차지하고 있다. 이 제품은 단단한 응고물 형태에 신맛과 향기(sour flavor & aroma)를 지닌 것이 특징이다.

불가리아 요구르트의 원료유는 신선한 양젖, 염소젖, 우유, 물소젖 및 이들 젖을 1:1로 혼합하여 사용하며, 그리고 생산 방식에는 홈메이드, 전문가(장인) 제조 및 일반 산업적 생산이 있다. 요구르트를 생산하는 세 가지 방식을 비교할 때, 이들을 만드는 데 사용되는 설비나 기구 보다는 제조과정의 본질에 있어서는 크게 다르지 않다는 점을 강조해야 한다. 따라서 현재 요구되는 영양 및 생물학적 특성을 지닌 전통 불가리아 요구르트는 위에서 언급한 세 가지 방법으로 만들 수 있다.

전형적인 전통 정치형 요구르트를 터키어로는 요구르트(yogurt)라고 불린다. 터키 스타일 요구르트 생산에 사용하는 원료유는 주로 양젖과 우유이다. 터키의 전통 요구르트의 생산 기술은 다소 단순하며, 불가리아 전통 요구르트의 생산에 사용되는 기술과 매우 유사하다.

전통적인 그리스 요구르트는 지중해식 발효유(Mediterranean-style fermented milk)로도 알려져 있는데, 이들은 고형분 함량, 특히 단백질 함량이 다른 요구르트 제품보다 2~3배 높은 것이 특징이다. 이러한 요구르트의 생산 기술의 핵심은 표준화(standardization) 공정이며, 여기에는 몇 가지 방법이 사용되고 있다.

첫째는 탈지분유(skim milk powder), 우유 농축물(milk concentrate), 유청분말(whey powder) 및 유청단백질(whey protein) 같은 유제품 분말을 첨가하여 우유 단백질 함량을 증가시키는 것이다.

두 번째는 면포 등을 사용하여 발효된 응고물로부터 일정량의 유청을 배출시키는 전통적인 방법 대신에 막 여과(memrane filtration) 방식을 이용하여 미리 우유를 농축시키는 방법이다. 여기에는 일반적으로 유당, 무기질 및 수분 등을 제거하는 한외여과(ultrafiltration, UF) 방식이 주로 사용되고 있다. 이렇게 생산된 제품은 단백질

그림 1-4. 필자가 실험실에서 제조한 그릭 요구르트 (2022년 9월)

함량(6~12%, 일반 요구르트 대비 1.5~4배 높음)은 높고, 유당 함량은 낮은 것이 특징이다(그릭 요구르트, Greek 또는 strained yogurt).

우리나라도 최근 몇 년 전부터 농축형 발효유의 일종인 그릭 요구르트에 대한 소비자들의 관심과 소비가 꾸준히 증가하고 있다. 그릭 요구르트와 특성 및 제조 방법 등과 관련한 자세한 내용은 본문에 자세히 기술하였다.

마시는 형태의 요구르트(drinkable yogurt) 역시 응고물을 분쇄하여 만든 발효 유제품에 속한다. 이들 제품은 전통적으로 아이란(Ayran)이라는 명칭으로 불가리아와 터키에서 생산, 판매되고 있다. 이들 제품은 표준화와 응고의 선택적 방법에 따라 두 가지 방법으로 만들 수가 있다. 아이란은 전통적으로 요구르트에 물(30~50%)과 소금(0.5~1%)을 혼합하여 만든 발효음료(fermented beverage)이다.

아이란은 요구르트에 약간의 물을 첨가하거나 또는 우유에 소량의 물을 첨가하는 두 가지 방법으로 생산될 수 있으며, 이어서 희석된 원료의 후속적인 발효가 진행된다. 농후한 요구르트인 다히(Dahi)에 물, 향신료 및 소금 등을 첨가한 후 거품을 형성시켜 인도에서 즐겨 마시는 라씨(Lassi) 역시 비슷한 음료이다.

3. 우리나라 발효유의 역사 요약

우리나라에서 젖소가 처음으로 젖소가 처음 도입되어 사육된 것은 1902년으로서 구한 말 농상공부 기사로 근무하던 프랑스인 쇼트(Short)가 본국에서 젖소를 들여와 목장을 시작한 것이 근대 한국 낙농의 시초로 볼 수 있다.

이후 낙농산업의 지속적인 성장과 더불어 우리나라 최초의 발효유는 1969년 12월 청계천에 설립된 작은 공장에서 생산되기 시작한 한국야쿠르트의 유산균 발효유이다. 이 제품의 유형은 액상 요구르트(liquid yogurt / fermented milk beverage 또는

diluted drinking yogurt)로서 1971년 8월부터 65 mℓ 용량으로 처음 판매가 시작되었다.

그림 1-5. 저지 원유로 만든 드링크 요구르트 (당진낙농축협)

표 1-3. 우리나라 발효유 제품 주요 연대기

연 대	주요 내용
1971년	ㅇ 한국야쿠르트 – 액상 발효유, 야쿠르트(Yakult) 65 mℓ 처음 출시
1980년대	ㅇ 삼양식품(1980년) – 요거트 출시(미국 카네이션사와 기술 제휴) ㅇ 빙그레(떠먹는 요구르트 또는 호상 요구르트 / stirred yogurt) – 요플레 출시 ㅇ 남양유업(꼬모), 한국야크르트(슈퍼100), 매일유업(바이오거트) 출시 ㅇ 파스퇴르유업(1988년) – 장 건강 기능성 파스퇴르 요구르트 출시
1990년대	ㅇ 남양유업(1990년) – 드링크 타입 불가리스 출시 ㅇ 빙그레(요플러스 / 닥터 캡슐), 한국야쿠르트(메치니코프), 매일유업(장에는 GG), 서울우유(네버다이 칸) 출시
2000년대	ㅇ 한국야쿠르트(프로젝트 윌 / 쿠퍼스), 남양유업(위력), 매일유업(구트) 출시 ㅇ 푸르밀(비피더스), 동원 F&B(비피더스 명장) 출시
2022년	ㅇ 당진낙농축협 – 저지 원유 100%를 사용한 수제 저지요거트(플레인, 딸기, 블루베리) 요거트 출시

그림 1-6. 국내에서 판매 중인 다양한 요구르트 제품

제2장
요구르트의 정의 및 분류

1. 요구르트의 정의(Definition of yogurt)

요구르트는 우유(양젖, 염소젖 등)를 기본으로 여기에 탈지분유(skim milk powder), 유청 농축물(whey concentrates), 카제인염(caseinates) 또는 크림과 같은 일부 천연의 우유 유도체를 첨가하거나 첨가하지 않고, 특정의 미생물 종(species)에 의해 분비되는 유산(lactic acid)에 의해 우유의 단백질 성분이 응고하여 그 결과 겔 구조를 형성시켜 제조한 제품으로 정의할 수가 있다.

본질적으로 요구르트는 두 종류의 유산균, 즉 *Streptococcus thermophilus*와 *Lactobacillus delbrueckii* subsp. *bulgaricus*에 의해 유산발효(lactic acid fermentation)를 통하여 만들어진 발효 유제품이다. 이러한 요구르트 발효 과정은 치즈를 만들 때 렌넷을 첨가하는 공정 없이도 산성화(acidification)와 우유의 응고(coagulation)가 일어나며, pH가 낮아지면서(4.6 이하) 보존 수명 또는 유통기한(shelf life)이 연장되는 결과를 낳는다.

한편, 발효유 또는 요구르트에 대한 규격은 사용하는 원료, 첨가제 및 유산균의 종류와 생균수 등에 따라 국가별로 다소 차이가 있다. 국제식품규격위원회(CODEX Alimentarius Commission)의 발효유(fermented milk)에 대한 정의는 "공생관계에 있는 2종의 *Streptococcus thermophilus*와 *Lactobacillus delbrueckii* subsp. *bulgaricus* 유산균이 우유를 젖산 발효시켜 얻어지는 발효 유제품으로, 유산균은 일정 수준 이상으로 반드시 생균(viable) 상태로 존재해야 한다" 라고 규정하고 있다.

우리나라의 경우 축산물의 가공기준 및 성분 규격에 따르면 발효유류라 함은 원유 또는 유가공품을 유산균, 효모로 발효시킨 것이나, 이에 다른 식품 또는 식품첨가물 등을 위생적으로 첨가한 것으로 정의하고 있다. 그리고 축산물가공품의 유형별로는 발효유는 원유 또는 유가공품을 발효시킨 것이나, 이에 다른 식품 또는 식품첨가물 등을 위생적으로 첨가한 것으로 무지유고형분 3% 이상, 농후발효유는 원유 또는 유가공품을 발효시킨 것이나, 이에 다른 식품 또는 식품첨가물 등을 위생적으로 첨가한 것으로 호상 또는 액상으로 한 무지유고형분 8% 이상으로 규정하고 있다.

이처럼 다양한 요구르트의 관능적인 특성은 다음의 3가지 주요 요인에 의해 결정된다.

① 사용되는 원료 우유의 종류(젖소, 염소, 양 그리고 관행축산 또는 유기축산), 성분조성 특히 지방함량(전유, 저지방, 무지방)

② 관능 특성(풍미, 색상, 조직)을 변형시킬 수 있는 원료의 첨가, 감미료(설탕, 저열량 감미료, 기능성 당 등), 풍미 성분(과일 또는 바닐라 향) 또는 과일잼, 안정제(펙틴, 전분, 젤라틴 등), 유화제 등

③ 요구르트 제조에 적용되는 관련 기술, 원료유 전처리(지방 및 단백질 표준화, 균질 또는 열처리), 발효 후 처리공정(교반, 농축, 혼합, 냉각, 건조 또는 냉동 등)

그림 2-1. 미국에서 판매 중인 대표적인 발효 유제품인 요구르트와 치즈 제품
(2022년 10월, 시애틀, 농협사료 금명철 및 앤틀러 장하라 제공)

비록 요구르트가 보다 확장된 발효유 계열 내에서 가장 많이 소비된다 하더라도 얼마 전부터는 여러 종류의 프로바이오틱 발효유 제품들이 전 세계적으로 유통되고 있다. 현재 세계적으로 통용되는 프로바이오틱스(probiotics)의 정의는 "적정량을 섭취하였을 때 숙주(host)의 건강유지에 기여할 수 있는 생균"으로 규정하고 있다. 또한 유용한 이들 미생물은 사람이 마시는 시점에서 규정된 수치 이상으로 살아있어야 한다. 이러한 규정은 요구르트의 전통적인 개념이 훼손되지 않을 뿐만 아니라 요구르트의 본질적인 특성이 잘 보존되도록 하기 위한 많은 국가들의 식품관련 법률의 일부에 포함되어 있다.

유럽의 규정에 따르면 이러한 건강상의 이점들은 음식과 보충제에서 프로바이오틱스를 사용하기 전에 효능이 증명되어야 한다고 규정하고 있다. 다른 나라의 경우 국가별 규정에 따라 유당불내증(lactose intolerance)의 완화, 유해 미생물의 감염 예방, 면역시스템의 자극 및 면역 반응의 조절 등과 같은 건강상의 효능을 인정하는 경우도 있다.

2. 요구르트와 발효 유제품의 분류

요구르트 제품의 다양성은 다양한 조직감(set-type, 교반형, 드링크형, 냉동, 농축 또는 분말형), 다양한 풍미(플레인, 감미료, 천연 또는 합성향료, 과일잼, 벌꿀 등), 다양한 유통기한과 그리고 영양적 특성(지방 및 잔류 유당 함량) 등의 제반 요인에 의해 결정된다. 발효 유제품은 또한 이들이 지닌 잠재적인 건강증진 효과를 기반으로 분류하기도 한다. 이는 주로 유산(lactic acid) 생성에 의한 요구르트 제품의 유당함량 감소 효과와 관련이 있다.

그림 2-2. 국내에서 판매 중인 그릭 요구르트와 조직 형상

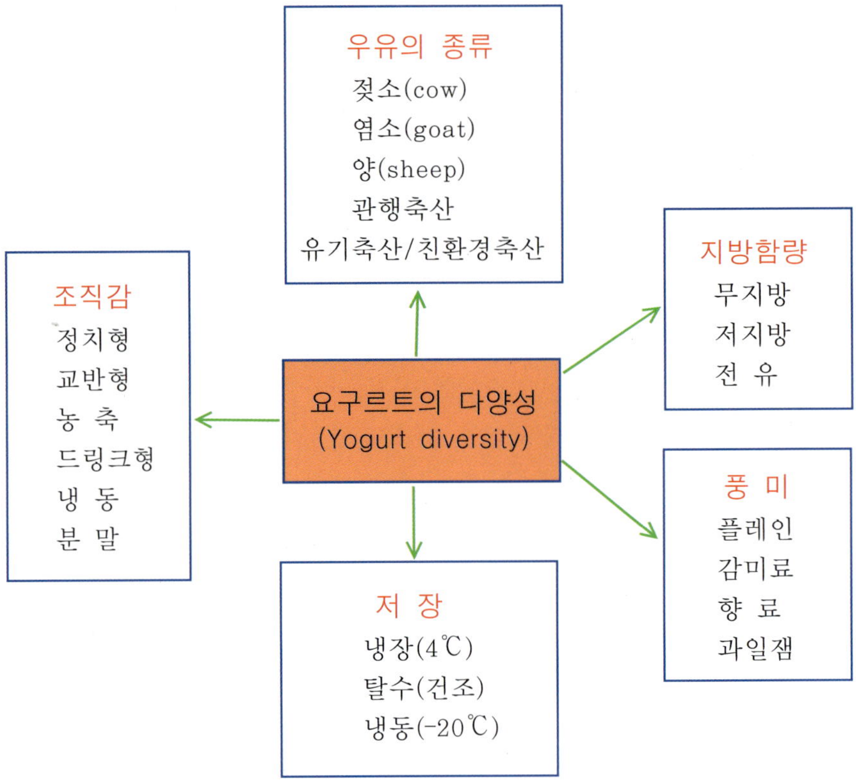

그림 2-3. 요구르트와 발효 유제품의 분류 체계도

*Streptococcus thermophilus*와 *Lactobacillus delbrueckii* subsp. *bulgaricus* 같은 일부 균종은 위장관 내에서 생존이 가능하며, 그 결과 소화관의 건강을 유지하는 역할을 한다. 그리고 최근 인기가 있는 미국식 버전의 그릭 요구르트(Greek yogurt)는 특히 단백질 함량이 높으나, 탄수화물(당분) 함량이 낮아 소비자의 체중 관리에 도움을 주는 것으로 알려져 있다.

최근에는 요구르트를 2개의 그룹으로 분류하기도 한다. 표준이 되는 미생물 스타터(standard culture)를 사용한 요구르트와 바이오- 또는 프로바이오틱스(bio- or pro-biotics) 균주로 만든 요구르트가 바로 그것이다.

일반적인 요구르트(standard yogurt)는 *S. thermophilus*와 *L. bulgaricus* 두 균주의 활성(symbiotics)에 의해 만들어진다. 이들 미생물은 위장관의 건강 유지에 도움을 줄 수 있는 유용한 미생물 균총을 자극하는 역할을 한다. 반면에 바이오 요구르트는 인체의 장내에서 다양한 건강기능 효과를 발휘하는 *Bifidobacteria*와 *Lactobacillus acidophilus* 같은 프로바이오틱 균주를 추가로 사용하여 만든다.

바이오 요구르트는 일반 요구르트 대비 소비자들에게 인기가 더 높으며, 보다 부드러운 크림 같은 풍미에 신맛은 덜한 것이 특징이다.

표 2-1. 사용하는 스타터 컬처에 의한 발효 유제품의 분류(CODEX)

구 분	내 용
요구르트(Yoghurt)	*Streptococcus thermophilus*와 *Lactobacillus delbrueckii* subsp. *bulgaricus*의 공생 컬처(symbiotic cultures) 사용
선택적 컬처 사용 요구르트(Alternate culture yoghrt)	*Streptococcus thermophilus*와 다른 *Lactobacillus* 종(species)의 컬처 사용
애시도피러스 밀크 (Acidophilus milk)	*Lactobacillus acidophilus* 사용
케피어(Kefir)	ㅇ 케피어 그레인(Kefir grains)으로부터 준비한 스타터 컬처 사용 ㅇ *Lactobacillus kefiri* / *Leuconostoc, Lactococcus* 및 *Acetobacter* 속(genera)에 포함되는 종의 미생물을 사용 ㅇ 케피어 그레인은 유당 발효성 효모(*Kluyveromyces marxianus*), 비유당 발효성 효모(*Saccharomyces unisporus, Saccharomyces cerevisiae, Saccharomyces exiguus*)로 구성됨
쿠미스(Kumys 또는 Kumis)	ㅇ *Lactobacillus delbrueckii* subsp. *bulgaricus*와 *Kluyveromyces marxianus* 균수 사용

그림 2-4. 미국에서 판매 중인 케피어 제품 (2022년 10월, 시애틀)

표 2-2. 요구르트의 일반적인 분류 방식

구 분	종 류	특 성
요구르트의 특성	성분 조성	ㅇ 제품의 지방 함량 기준 – 부분 탈지유(partially skimmed milk), 무지방(non-fat), 지방 무조정(regular 또는 full fat)
	물리적 특성	ㅇ 조직의 물리적 성질 – 고상(solid), 반고상(semi-solid) 또는 액상(fluid)
	풍미 특성	ㅇ 풍미물질 첨가 여부에 따라 – 플레인(plain), 과일 시럽 첨가(fruit-), 풍미 성분 첨가(flavored-)
시장 판매 유형	발칸 스타일 (Balkan style)	농후한 조직감으로 인해 set-style 요구르트로 부르기도 함(non-stirring)
	그릭 스타일 (Greek style)	지중해 스타일, 농후한 크림상 조직, 면포 등을 이용한 유청배출 방식(농축형), 짜지끼(Zatziki) 요리
	커드 교반형 (Stirred curd)	유럽 스타일 요구르트, 크림상의 부드러운 조직
	프렌치 스타일 (French style)	커스터드 스타일(custard style), 푸딩 같은 조직감 딸기 및 블루베리 등을 첨가
	과일 요구르트 (Fruit yoghurt)	ㅇ 과육 또는 펄프를 포장 용기 바닥에 첨가 후 요구르트 충진 ㅇ 과육 또는 펄프를 요구르트 내에 균일하게 혼합 (스위스 스타일, Swiss-style)
	프로바이오틱 요구르트 (Probiotic yoghurt)	활성이 살아있는 프로바이오틱 균주 첨가, 소화기 계통의 건강과 면역기능 유지에 도움
	마시는 요구르트 (Drinkable yoghurt)	전통 요구르트에 물과 풍미 성분 첨가
	유기농 요구르트 (Organic yoghurt)	유기농 원유 및 유기농 첨가제(설탕 등) 사용
	비낙농 요구르트 (Non-dairy yoghurt)	우유 엘러지 예방 목적, 두유를 이용한 요구르트
	케피어(kefir)	발효 유제품, 효모와 산 생성 미생물 함유 (non-yoghurt)

그림 2-5. 국내에서 판매 중인 다양한 종류의 프로바이오틱 및 바이오 요구르트

제3장

요구르트 유산균의 특성

1. 요구르트 미생물의 기원

요구르트와 같은 사워 밀크(sour milk) 제품은 몽골 북쪽의 광활한 초원지대에서부터 불가리아 산악 지역과 스칸디나비아 반도의 피오르드 까지 광대한 유라시아 대륙을 연결하는 대표적인 식품이다. 사워 밀크 제품은 맛과 조직이 다를 수 있지만, 이들은 모두 유산균(LAB, lactic acid bacteria)에 의한 발효(fermentation)라는 동일한 기본 원리를 사용하여 만들어지고 있다는 사실이다.

전설에 의하면 요구르트와 케피어는 자연의 기적에 의해 코카서스 지역의 앨브루스산(Mount Elbrus)의 경사면에서 태어난 것으로 전해지고 있다. 다양한 종류의 미생물들이 동시에 적절한 온도로 데워진 우유 항아리(주전자)에 정착하였고, 이들이 공생하며 살고 있음을 발견하였다(앨브르산 남부는 요구르트, 북부는 케피어 기원지).

앨브루스산의 남쪽 경사면에서는 40～45℃의 비교적 높은 온도를 선호하는 미생물이 터키 유목민의 것으로 추정되는 우유 항아리 속에서 함께 나왔고, 그 결과는 만들어진 음식을 터키인들은 요구르트(yogurut)라고 부르게 되었다. 몇몇 자료에서는 이 “yogurut”라는 이름이 8세기에 도입되었고, 약 11세기경에 현재의 “yoghurt”로 바뀐 것으로 기술하고 있다.

2. 요구르트 유산균의 미생물학적 특성

우유에 자연적으로 존재하는 유산균(lactic acid bacteria, LAB)은 우유내의 유일한 당 성분인 유당(lactose)을 전문적 발효시키는 다양한 그램 양성의 미생물 그룹을 지칭한다. 발효의 부산물로서 이들 미생물은 유산 또는 젖산(lactic acid)을 생성하며, 그 결과 자신들 만의 성장을 위한 독특한 생태계(ecosystem)를 형성하게 된다.

인체에 유해한 많은 균주(species)들을 포함한 대부분의 미생물은 심지어 약한 산성 조건에서도 사멸하거나 성장이 억제되지만, 유산균은 pH 3의 매우 낮은 산성 조건(가정에서 사용하는 식초의 산성 조건)에서도 성장이 가능하다. 우유를 산성화하기 위한 유산균의 작용은 또한 유해한 병원성 미생물의 성장을 억제하는 것 이상의 식품학적, 영양학적 가치가 있다.

아마도 산성화 시켜 만든 유제품 중에서 가장 잘 알려진 요구르트에서 산성 조건은 카제인(우유내 주요한 단백질 그룹) 간의 결합을 촉진시켜 요구르트의 특징적인 농후한 조직감을 만들어 내며, 유산균으로부터 생성되는 유산과 아세트알데히드(acetaldehyde)가 요구르트에 상큼하게 톡 쏘는 맛(tangy taste)를 부여한다.

유산균에 의한 발효는 또한 특히 비타민 B와 K의 수준을 증가시킴으로써 전반적으로 요구르트의 비타민 함량이 높아지게 된다. 일반적으로 음용 시에 수천~수억 균의 살아있는 세포를 가지고 있는 요구르트는 단순한 음식이 아니며, 이것은 살아있는 생태계(living ecosystem)인 것이다.

유산균은 대표적으로 2종의 속(genera)인 *Lactococcus*와 *Lactobacillus*으로 구성되어 있으나, 또한 *Leuconostoc*, *Streptococcus*, *Bifidobacterium* 및 *Enterococcus* 종(species)들을 포함하고 있다. 이들 미생물은 서로 다른 환경조건에서 번성하는데, 이는 특정의 유제품에 있어 미생물의 구성 요건에 따라 그 제품이 어떻게 만들어졌는지를 반영하게 된다. 예를 들어 *Lactobacillus*와 *Streptococcus*는 비교적 높은 온도를 좋아하는 호열성 또는 고온성(thermophilic)이기 때문에 45℃ 전・후의 온도에서 발효가 진행된다. 이들은 동유럽, 터키 및 중동 지역에서 기원한 타트 요구르트(tart yogurt)의 특성을 나타낸다.

반면에 *Leuconostoc*와 *Lactococcus*는 보다 온화한 온도를 선호하는 중온성(mesophilic) 30℃ 전・후의 온도에서 잘 성장한다. 이들 미생물은 생크림(crème fraiche)과 사워 크림(sour cream) 같은 제품에 존재한다. 또한 *Leuconostoc*는 케피어에 존재하는 미생물 및 효모와의 공생 컬처(symbiotic culture)로도 사용이 된다.

다른 유산균 균종의 열 선호 정도(성장 적온)는 부분적으로 그들의 진화론적인 기원에서 그 답을 찾을 수가 있다. 예를 들면 유전적 증거는 체온 근처에서 가장 잘 성장하는 중요한 요구르트의 유산균인 *Streptococcus thermophilus*는 타액(saliva)에서 발견되며, 서로 밀접한 관련이 있는 두 균종인 *Streptococcus salivalius* 또는 *Streptococcus vestibularis*로부터 진화했을 가능성이 있음을 시사한다. 보다 자세히 설명하면, 타액에 함유되어 있던 미생물이 요구르트 내에서 집락을 형성하였고, 한 번 정도는 요구르트가 지닌 환경 조건에서 왕성하게 번식되도록 진화했다는 것이다.

마찬가지로 *Lactobacillus*, *Enterococcus* 및 *Bifididobacterium*은 주로 포유류의 위장관과 비뇨생식관 등에 서식하는 속들로 구성된 호열성 유산균에 포함되는 미생물

종이다. 이들은 인체의 소화관이나 요구르트 제조에 사용되는 우유를 생산하는 소, 양, 말 심지어는 낙타의 소화관에서 집락화(colonization)가 이루어진 미생물이다.

대조적으로 *Leuconostoc*과 *Lactococcus*는 일반적으로 자연계의 식물체에 존재하고, 식물체가 생육하는 데 적합한 주변 온도에서 가장 잘 성장한다. 가장 중요한 식물성 유래의 *Leuconostoc* 속 중에서 *Leuconostoc mesenteroides*는 유제품 발효에 사용되는 것 외에도 우리나라의 전통 김치(kimchi)와 독일식 김치인 사우어크라우트(sauerkraut)를 만들 때 발효를 개시하는 중요한 유산균이다.

비록 다양한 종류의 유산균이 원유(raw milk)에서 발견되지만, 상업적으로 생산된 요구르트는 일반적으로 소수의 특정 아종(subspecies)에만 의존하며, 온도와 시간을 포함하는 발효공정 역시 엄격하게 통제가 된다. 현재 산업적인 규모의 요구르트 생산에서는 전형적으로 *Streptococcus thermophilus*와 *Lactobacillus delbrueckii* subsp. *bulgaricus* 아종을 기본으로 하여 만들어진다.

요구르트 발효를 개시하는 2종의 고온성 미생물인 *Streptococcus thermophilus*(이하 ST)와 *Lactobacillus delbrueckii* subsp. *bulgaricus*(이하 LB)는 식품에 사용된 오랜 역사와 병원성(pathogenecity)이 없다는 추정 하에 GRAS나 QPS 인증을 획득하였다. 최근 프로바이오틱스와 같은 미생물 제재의 안정성 확보를 위해 미국은 GRAS(Generally Recognized as Safe), 유럽은 QPS(Qualified Presumption of Safety) 제도를 시행하고 있다.

이들 미생물은 그램 양성(gram positive), 혐기성(anaerobic), 내기성(aerotolerant), 카탈라아제 음성(과산화수소를 물과 산소로 분해하는 효소, catalase negative)이며, 포자(spore)를 형성하지 않고 이들 DNA 내에 G + C(구아닌 + 시토신) 함량은 55%

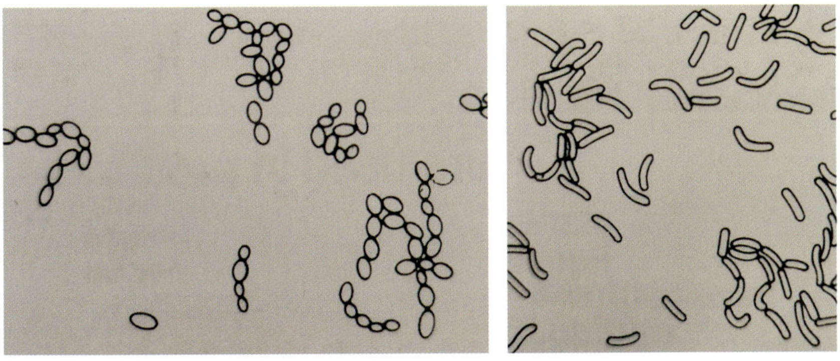

그림 3-1. 발효유 제조에 사용하는 대표적인 유산균인 구균과 간균의 형태
(좌 : 구균/ coccus, 우 : 간균/ rods)

미만이다. 그리고 42～50℃ 범위의 온도에서 성장할 수 있으나, 10℃에서는 생육이 정지된다. 이들의 세포 형태는 LB는 일직선의 막대형(rods)인 반면에 ST는 구형 또는 난형(coccus 또는 ovoid)이다.

이들은 우유 내의 유당을 대사작용에 참여하지 않는 갈락토오스(galactose)와 호모발효(homofermentative) 공정을 통하여 주로 유산만을 생성하는 글루코오스(glucose)로 전환시킨다.

우유 내에서 이들 2종의 미생물은 다른 생물종 간에 상호작용을 하면 모두에게 이롭지만, 작용이 중단되면 서로 무관한 관계를 가지게 되는 원시협동(protocooperation) 작용을 하게 된다. 이러한 상호작용을 통하여 보다 빠른 미생물의 성장 및 산 생성, 보다 많은 향미성분 생성과 미생물이 합성하여 세포 밖으로 분비하는 세포밖다당류(exopolysaccharide) 그리고 보다 명확한 단백질 분해작용(proteolysis) 등을 유기한다. 뉴클레오타이드(nucleotide)와 함유황 아미노산에 대한 생합성 경로의 상향조절(upregulation, 호르몬 및 신경전달물질 등이 작용물질의 농도에 따라 세포막 상의 수용체수가 증가하는 것) 반응도 관찰되었다.

ST는 LB의 세포벽 프로테아제 PrtB(CEP 유전자)의 작용에 의해 우유 단백질로부터 생성된 유리아미노산과 작은 단위의 펩티드에 의해 성장이 촉진된다. 차례로 LB는 우유내의 ST가 생합성한 개미산 또는 포름산(formic acid), 엽산(folic acid) 및 이산화탄소 등의 물질로부터 성장 자극을 받게 된다.

이러한 상호작용의 결과로 ST의 성장은 1차로 질소 화합물을 사용함으로써 시작되며, 이 균종은 젖산의 저해작용에 매우 민감하기 때문에 조기에 성장에 멈춘다. LB의 성장은 나중에 시작되지만, 이 미생물은 산도에 대한 저항성이 보다 높아 낮은 pH 조건에서도 성장이 지속된다.

요구르트 이외의 발효유 생산에 관여하는 프로바이오틱 미생물은 서로 다른 유산균(lactobacilli)과 비피도박테리아(bifidobacteria)를 포함하고 있다. 현재 시판 중인 발효유에 함유되어 있는 주요 프로바이오틱스는 *Lactobacillus acidophilus*, *L. casei*, *L. rhamnosus*, *Bifidobacterium animalis* subsp. *lactis* 및 *B. breve* 등이다. 이들 균주는 특정한 종(species)의 연관성에 의존하는 전통적인 요구르트 균주(cultures)와의 다양한 상호작용을 보여주고 있다.

한편, 우유 내에서 유산균의 성장은 요구르트에서 바람직한 생화학 및 생리학적으로 다양한 변화를 유도한다. 이러한 변화에는 서로 다른 대사물질(유산, 세포밖다당류, 향미성분 등)의 합성 및 제품 특유의 조직과 영양성분의 변형 등이 포함된다.

3. 요구르트 주요 유산균의 특성

비록 발효시킨 고기, 우유 및 야채가 6,000년 전 훨씬 이전부터 이용되었다는 증거들은 있으나, 음식을 보존하기 위하여 유산균(lactic acid bacteria, 이하 LAB)을 최초로 사용하였다는 근거는 고대 기록에는 나타나 있지 않다. 기원전 3세기경 중국의 만리장성 공사에 동원되었던 노동자(coolie)들은 이들 음식의 일부로 발효된 채소를 먹은 것으로 여겨지고 있다.

당시 고대인들은 음식의 보존 과정에서 LAB의 중요한 역할에 대해 알지 못하였다. 그럼에도 불구하고 이들은 원래 음식 내용물(food matrix)의 보관 기간과 맛을 증가시키기 위한 조상 대대로의 방식으로, 식품을 처리하고 저장하는 전통적인 수단을 개발하였다. 이들은 접종물(inoculum)의 필요성을 이해하고, 새로운 다음의 발효를 위한 스타터로서 이전에 발효시킨 원료의 일부를 보관함으로써 발효 개시에 필요한 요건을 충족하게 되었다.

1850년대에 이르러서 미생물학의 발달이 시작되면서 발효에 있어 미생물의 중요한 역할이 발견되기 시작하였다. 파스퇴르(Louis Pateur)는 1857년 포도주를 변질시키는 유해한 미생물로서 LAB를 처음 발견하였고, 1873년 리스터(Joseph Lister)에 의해 최초로 유산 생성 미생물(lactic acid-producing bacterium)에 대한 순수 배양 및 분리가 이루어 졌다.

일반적으로 통용되는 핵심적인 유산균 LAB는 간균인 *Lactobacillus*와 구균인 *Streotococcus*, *Leuconostoc* 및 *Pediococcus* 등의 4종의 속(genera)으로 구성되어 있다. 또한 모유를 먹는 유아의 장관 내에서 주로 서식하는 *Bifidibacterium* 속 역시 과거부터 유산균의 일종으로 간주되어 왔다.

표 3-1. 유산균의 일반적인 표시 방식(예시)

속명(Genus)	종명(Species)	균주명(Strains)
Lactobacillus	*bulgaricus*	ATCC 11842

3.1 *Streptococcus thermophilus* (ST)

ST는 그램 양성, 비병원성(non-pathogenic), 통성혐기성(facultative anaerobic)의 유산균이다. 이 미생물은 유가공 산업에서 널리 사용되는 가장 중요한 상업용 스타터 컬처(starter culture)인 *Lactobacillus casei* 같은 다른 유산균 그룹과 밀접한 관련이 있다. 특히 요구르트 제조에 있어서는 혼합 균주 형태로 LB와 가장 널리 사용되고 있다.

ST는 경제적인 측면에서도 매우 중요한 유제품 산업의 주된 컬처(유산균 배양액)이다. 2019년에는 이 미생물 종의 진화, 생명활동(biology) 및 기술적 특성의 새로운 측면을 규명하기 위해 ST의 완전히 서열화 된 23개의 게놈(genome)을 분석하기도 하였다. ST는 유당의 분해작용을 통하여 세포밖다당류, 비타민 및 몇 종의 풍미성분 등을 생성한다. 이처럼 다양한 종류의 발효 유제품 제조에 ST가 광범위하게 사용되고 있음에도 불구하고, 1980년대 후반에 이르러서야 ST의 탄수화물 대사에 관한 기본적인 연구가 본격적으로 진행되었다.

ST는 유제품 발효에 공통적으로 사용되기 때문에 다른 유산 생성 Streptococci와 관련이 있지만, ST는 혈청학적, 유전학적 그리고 생리적으로는 그룹 N에 속하는 중온성 Streptococci(*Stereptococcus lactis*, *Streptococcus cremoris*)와는 구별이 된다. *Streptococcus* 속은 1937년에 처음 4개의 그룹으로 체계적인 분류가 이루어졌다. 화농성균(pyogenic), 녹색 연쇄상구균(viridans), 유산균(lactic) 및 장구균(enterococci)으로 불리는 이 그룹들은 몇 가지 생리학적 특징에 기초하여 분류가 이루어졌다. 여기에서는 10℃ 및 40℃에서 성장 능력, 60℃에서 30분 가열에 따른 열감도 및 0.1% 메틸렌 블루 염색성, pH 9.6에서의 성장 능력 및 메틸렌 블루 환원시험(methylene blue reduction test) 등을 수행하였다(생육적온 35～42℃).

유산 그룹에는 lactic Streptococci로 알려진 *Streptococcus lactis*와 *Streptococcus cremoris*가 포함된다. ST는 올라 옌센(Orla-Jensen)에 의해 1919년에 처음으로 언급되었으나, 당시 언급된 ST는 녹색 연쇄상 그룹에 속하며, 기술적으로는 낙농제품 발효에 있어 *Stereptococcus lactis*, *Streptococcus cremoris*와 함께 사용되었지만 lactic Streptococcus는 아니었다.

1979년 샤프(Sharpe)는 연쇄상구균을 분원성 구균(fecal), 유산균(lactic), 경구 연쇄상균(oral) 및 화농성균(pyogenic)의 4가지 그룹으로 재구성하였다. 결론적으로 ST는 *S. cremoris*, *S. lactis*, *S. lactis* subsp. *diacetylactis* 및 *S. raffinolactis*와 더불어 유산균 그룹에 포함이 된다.

3.2 *Lactobacillus delbrueckii* subsp. *bulgaricus* (LB)

러시아의 생물학자이자 노벨상 수상자인 메치니코프(Elie Metchinikoff)는 불가리아 사람들이 장수하는 이유를 lactobacilli 미생물이 함유된 요구르트를 정기적으로 섭취하기 때문인 것으로 언급하였다. 메치니코프의 주장은 그 당시 요구르트에 대한 많은 관심을 이끌어 내었다.

그러나 이 lactobacilli 미생물을 불가리아의 전통 요구르트인 키셀로 믈랴코(Kiselo mlyako) 생산에 사용된 스타터(starter)로부터 분리하여 특징지은 것은 불가리아 대학원생인 그리고로프(Stamen Grigorov)이었다. 그리고로프는 이 미생물을 Bacillus A로 명명하였는데, 이는 버기스 매뉴얼(Bergey's Manual of Systematic Bacteriology)의 미생물 분류체계에 따라 현재의 *Lactobacillus bulgaricus*로 인식되고 있다.

상업적인 LB 균주의 기원과 자연 서식지와 관련된 논쟁은 터키, 몽골, 러시아 및 중국 같은 나라들 또한 자연적으로 발효된 유제품을 이용한 긴 역사를 지니고 있기 때문에 불가리아 지방 기원이라는 강한 주장에도 불구하고 아직까지 명확한 답을 가지고 있지 않은 실정이다.

중국의 생물공학자인 송 등(Song et al., 2021)에 의한 연구는 앞서 언급한 몇몇 국가(몽골, 러시아, 중국)의 전통적인 발효 유제품에서 분리된 LB 균주의 특이성을 강조하였다. 요구르트 제조에 있어 매우 중요한 스타터인 LB는 높은 경제적 가치 때문에 업계로부터 많은 주목을 받고 있으나, LB의 유전적 배경, 진화의 역사 및 기능적 특성에 대해서는 게놈 수준(genomic level)에서는 아직도 명확하지 않기 때문이다.

일반적으로 *Lactobacillus* 속은 인체의 위장관 내부에 존재하는 유용한 미생물로 구성되어 있다. 이미 언급한 것처럼 LB(학명, *Lactobacillus delbrueckii* subsp. *bulgaricus*)는 요구르트를 만드는 데 사용되는 여러 미생물 중의 한 종류이다.

LB는 그램 양성, 내산성(비교적 낮은 pH 5.4~4.6), 통성혐기성(facultatively anaerobes), 비운동성 그리고 포자형성을 하지 않는 간균(막대모양) 형태의 유산균이다. 일반적으로 사용되는 상업용 컬처에는 LB 또는 *Lactobacillus helveticus*와 함께 ST가 혼합 균주 형태로 배합되어 있다(생육적온 43~46℃).

3.3 *Lactobacillus acidophilus* (LA)

Lactobacillus acidophilus(이하 LA)는 프로바이오틱스 효과가 있는 유산균으로 널리 알려져 있으며, 식이용으로 가장 널리 사용되는 유산균 중의 하나이다. 이 균종은 요구르트와 발효 유제품에 제조에 널리 사용되며, 미국에서 생산되는 요구르트의 약 80%는 LA를 함유하고 있다.

LA는 또한 인체의 일부 기관에 자생하는 미생물균(microbiota)이며 구강, 소화관 및 여성의 생식기관 등에서 분리, 배양되기도 하였다. LA는 오스트리아의 소아과 의

사였던 모로(Ernest Moro)에 의해 1900년 모유를 포유 중인 유아의 분변으로부터 처음 분리되었다. 당시에는 *Bacillus acidophilus*로 불리었으며, 1929년 *Lactobacillus acidophilus*로 재명명되었다.

LA는 2~10 ㎛ 크기의 그램 양성 간균이며, 성장 적온은 37~42℃, 최대 45℃에서도 생육이 가능하다. 또한 pH 5.5~6.0의 약한 산성 조건에서 최대의 성장률을 나타내고, pH 4.0에서는 성장이 정지된다.

3.4 *Bifidobacterium* 속(genus)

비피더스균의 가장 두드러진 특징은 이들이 우리의 장내 미생물총에서 지배적으로 유익한 미생물이라는 것이다. 사람의 장내에서 서식하고 있는 이들의 수는 수조(trillions)이지만, 그 중에서도 유산균 수는 미생물 총량의 1% 미만으로서 매우 적다. 미생물은 장내 고형분의 약 반을 차지하고, 매일 배설되는 분변의 30~40%는 미생물 덩어리이다.

비피더스균은 절대혐기성균(obligate anaerobe), 무포자, 비운동성의 그램 양성 간균으로 분류학상의 종(species)과 속(genus) 그리고 배양조건 등에 따라 매우 다양한 형태학적 특성을 나타낸다. 이 미생물은 파스퇴르 연구소의 소아과 의사였던 티시에(Henry Tissier)에 의해 1899~1900년에 유아의 장관 내에서 처음으로 분리되었다. 그는 병을 통하여 수유하는 유아의 분변보다 모유를 수유하는 유아의 분변에서 불규칙한 Y자형태의 미생물이 보다 더 풍부하게 존재하고 있음을 관찰하였다.

그러나 1924년 덴마크 미생물학자 올라-옌센(Orla-Jensen)은 *Bacillus bifidus*를 *Bifidobacterium* 속에 포함되는 별도의 종으로 분류할 것을 제안하였다. 그는 bifidobacteria의 균종들은 의심할 여지없이 분류학상 별개의 속을 구성하며, 아마도 유산균과 프로피온산균 사이의 연결고리를 형성할 수 있다고 설명하였다.

그럼에도 불구하고 이 새로운 속은 여전히 분류학적으로 합의되지 않은 상태이며, 20세기 중에도 이들은 형태학상 간균(막대모양) 형태에 절대혐기성 발효(obligate fermentation) 특성 때문에 유산균 속의 일원으로 분류되었다. 현재 *Bifidobacterium*의 분류학상 위치는 방선균 강(*Actinobacteria* class), *Bifidobacteriales* 목(order), *Bifidobacteria* 과(family), *Bifidobacterium* 속(genus)로 분류되고 있다.

인체의 장관에서 유래한 비피더스균의 성장 적온은 36~38℃인 반면에, 동물에서 유래한 경우는 이보다 조금 높은 온도인 41~43℃이다. 비피더스균은 산에 내성이 있으며 성장을 위한 최적 pH는 6.5~6.7이고, *B. lactis*와 *B. animalis*는 pH 3.5에 노출되어도 생존할 수가 있다.

표 3-2. 유산균과 비피더스균의 주요 특성 비교

구 분	유산균 (Lactic acid bacteria)		비피더스균 (Bifidobacteria)
세포 형상	구균(Cocci)	간균(Rods)	간균 또는 분지형 간균
서식지	우유 및 발효 유제품 인체 및 동물의 장관 발효 피클 제품		인체와 동물의 장관
산소 감수성	절대혐기성 (obligate anaerobic)		통성혐기성 (facultative anaerobic)
주요 대사산물	유산(lactic acid)		유산(lactic acid) 아세트산(acetic acid)

※ 1) 절대혐기성 : 산소 존재 하에서는 증식할 수 없는 미생물
2) 통성혐기성 : 산소 호흡을 주로 하지만, 무산소 환경에서도 증식할 수 있는 미생물

4. 요구르트 유산균의 미생물 및 생물학적 메커니즘

4.1 유산 생성(Lactic acid production)

6탄당인 포도당(glucose) 한 분자를 3탄당인 피루브산 두 분자로 바꾸는 해당작용(glycolysis)의 결과 유당 1몰(mole)은 이론적으로는 세포내 에너지원인 두 분자의 ATP 생성과 함께 1몰의 갈락토오스와 2몰의 유산으로 전환이 된다.

유당은 수소 이온인 양성자가 막을 경계로 해서 농도 차이가 나는 양성자 기울기(proton gradient)에 의해 활성화되는 유당 투과효소(lactose permease)의 도움으로 세포 내에서 처음으로 내재화(internalized) 된다.

그 다음 세포내 유당은 효소 β-galactosidase에 의해 글루코오스와 갈락토오스로 가수분해 된다. 글루코오스는 당분해 과정인 엠덴-마이어호프-파르나스 회로(Embden-Meyerhof-Parnas pathway)를 경유하여 피르브산(pyruvate)을 생성하는 반면에 갈락토오스는 세포 밖으로 분비된다.

이어서 피루브산은 이전에 형성된 NADH(nicotinamide adenine dinucleotide)의 재산화와 함께 젖산 탈수소효소(lactate dehydrogenase)를 통하여 유산으로 환원된다. *S. thermophilus*에 의한 L(+)-유산 그리고 *L. delbrueckii* subsp. *bulgaricus*에 의한

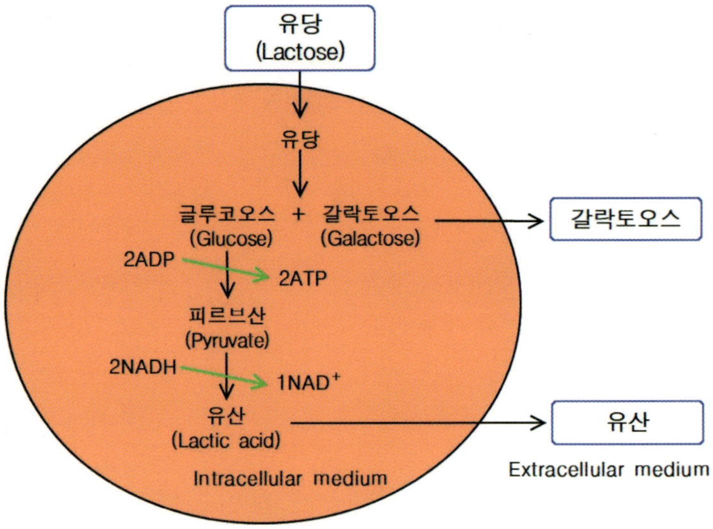

그림 3-2. 요구르트 미생물에 의한 유당의 효모 발효 대사과정

D(-)-유산의 2개의 다른 이성질체(isomers)가 합성된다. 최종적으로 세포내 젖산은 양성자와 동반 수송(symport)을 통해 세포 밖으로 분비되어 세포밖 매질의 산성화를 유기하여 점진적으로 미생물의 성장을 억제한다.

한편, 다른 lactobacilli와 bifidobacteria는 유산과 함께 세포내 에너지를 생산하기 위해 헤테로 발효경로를 이용할 수도 있다. *L. rhamnosus*, *L. casei* 및 *L. paracasei*는 1 몰의 글루코오스로부터 각각 1 몰의 유산, 에탄올, CO_2 및 ATP를 생성한다. 그리고 bifidobacteria는 2몰의 글루코오스 분자로부터 CO_2 생성 없이 3몰의 아세트산(acetic acid), 2몰의 (L+)-유산 및 ATP를 생성한다. 이러한 서로 다른 분해경로는 산성화 비율 역시 다르게 나타나며, 결과적으로 최종 요구르트의 관능 특성에 영향을 미치게 된다.

4.2 단백질 분해작용(Proteolysis)

우유의 발효과정에서 유산균에 의한 단백질 분해 체계는 일단 케이신(casein)을 펩타이드(peptide)로 그리고 최종적으로 미생물 성장에 필수적이고, 요구르트의 풍미 생성과 관련이 있는 아미노산으로 분해한다.

L. delbrueckii subsp. *bulgaricus*는 매우 활성적이며, 그리고 우유 내에서 미생물의 빠른 성장과 신속한 산성화를 증진시키는 세포 표면 단백질 가수분해 효소인 PrtB를 가지고 있다. 대조적으로 *S. thermophilus*의 몇몇 균종(strain)이 세포벽 단백질 분해

효소 PrtS를 가지고 있다고 해도 대부분의 균종은 단백질 분해효소 음성(protease-negative)이다. 그럼에도 불구하고 *S. thermophilus*는 *L. delbrueckii* subsp. *bulgaricus*의 단백질 분해효소로부터 이용 가능한 질소 화합물을 공급받기 때문에 혼합배양의 경우 효과적으로 성장할 수 있다.

4.3 풍미 화합물(Flavor compounds)의 생성

일반적으로 요구르트의 맛(taste)은 주로 제품에 함유되어 있는 유산의 특성에 의해 결정이 된다. 그리고 요구르트의 향(aroma)은 카르보닐(carbonyl) 화합물(주로 산과 에스터류), 알코올류, 복소고리형(heterocyclic) 및 함유황 화합물로 구성된 약 100여 종의 휘발성 화합물에 의해 특징지어진다. 그 중에서 아세트알데히드(acetaldehyde)는 요구르트의 주요 풍미 화합물로서, 신선한 과일 향을 발산한다. 아세트알데히드는 유산균에 의해서 생성되며, 최종 농도는 5～40 mg/kg 수준이다.

대부분의 아세트알데히드는 피르브산 탈탄산효소(pyruvate decarboxylase)의 도움을 받아 피르브산으로부터 직접 합성되거나 또는 피르브산 탈수소효소(pyruvate dehydrogenase)와 알데히드 탈수소효소(aldehyde dehydrogenase)의 작용을 통한 아세탈 보효소 A(acetyl coenzyme A)로부터 간접적으로 합성된다. *L. delbrueckii* subsp. *bulgaricus* 역시 세린 히드록실-메틸 전이효소(serine hydroxyl-methyl transferase)의 작용에 의해 트레오닌(threonine)을 아세트알데히드와 세린(serine) 전환시킬 수가 있다.

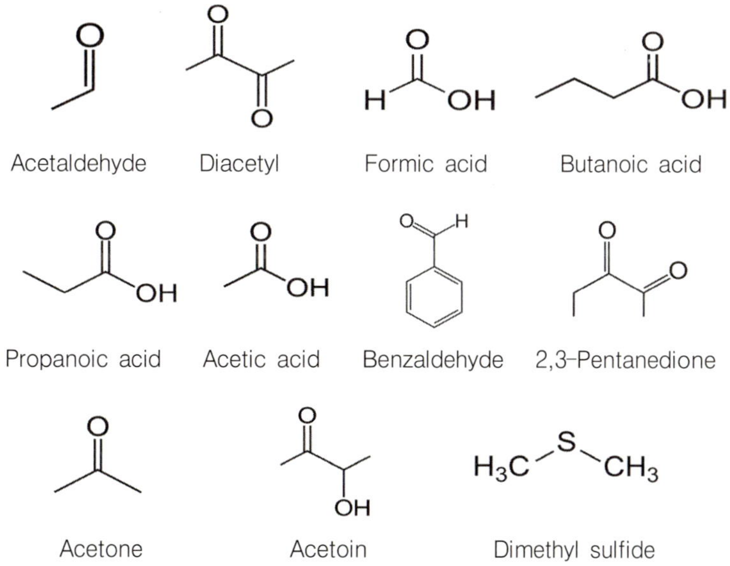

그림 3-3. 요구르트의 주요 향기 성분(aroma compounds)

또한 *S. thermophilus*는 류신(leucine)과 발린(valine)의 생합성을 조절하는 아세토락테이트(acetolactate) 탈수소효소의 작용을 통해 디아세틸(diacetyl) 또는 아세토인(acetoin)으로 부분적으로 대사되는 아세토락테이트를 생성한다.

4.4 응고(Coagulation)

우유의 산성화는 카제인 미셀(casein micelle)의 불안정화를 초래하여 결국에는 우유를 응고시키게 된다. 요구르트의 응고 원리는 2가지 현상을 수반한다. 산성화 공정 중에 카제인 미셀 표면의 순음전하(net negative charge)가 감소하고, 따라서 대전된 그룹(charged group)들 사이의 정전기적 반발력(electrostatic repulsion)이 감소하게 된다. 동시에 교질성 인산-칼슘 복합체(colloidal calcium-phosphate complex)가 가용성화 되어 미셀 내의 칼슘 이온농도가 감소하는 결과를 낳는다. 이어서 소수성 물질 상호간에 응집하는 경향을 나타내는 소수성 상호작용(hydrophobic interaction)이 증진되는 결과로 인하여 정전기적 인력(attraction) 및 카제인-카제인 간의 인력이 증가하게 된다.

카제인의 등전점(isoelectric point)인 pH 4.6에 도달하게 되면 카제인 집단(cluster)과 사슬로 구성된 3차원적 그물조직(three-dimensional network)을 형성하면서 응고된다. 즉 교질성 입자의 그물조직 사이에 용매인 물 등이 유입되어 경화되는 요구르트 젤(gel)이 완성되는 것이다.

4.5 세포밖다당류(exopolysaccharide) 생성

유산균 중 일부 균종은 교반형 발효 유제품(stirred fermented milk)에 있어 동질(homo-) 또는 이질다당류(heteropolysaccharide) 같은 세포밖다당류(EPS, extra-cellular polysaccharides)의 생합성을 통하여 요구르트의 물리적 특성을 개선하는 데 도움을 준다.

이들 중합체(polymer)들은 분자량 $4\times10^6\sim4\times10^6$ 달톤(dalton) 범위의 D-glucopyranose, D-fructofuranose, D-glucose, D-galactose, L-rhamnose, N-acetyl-D-galactosamine 및 N-acetyl-D-glucosamin 등과 같은 수백에서 수천 개가 반복되는 단당류로 구성되어 있다. *S. thermophilus*와 *L. delbrueckii* subsp. *bulgaricus* 균주는 성장 중에 발효액 1리터당 약 30～600 mg 농도의 EPS를 생성한다.

EPS의 생합성은 잘 특징지어진 유전자 군집에 의해 영향을 받는다. 이는 세포질(cytoplasm)에서 형성되는 전구체(precursor)의 생성을 수반하며, 특이성 글리코실-전달효소(glycosyl-transferase)에 의한 유리딘 디인산-글루코오스(uridine diphosphoglucose), 유리딘 디인산-갈락토오스(uridine diphosphogalactose) 및 데옥시티미딘 디인산-람노스(deoxythymidine diphosphate-rhamnose) 같은 활성 탄수화물의 순차적인 첨가와 관련이 있다. 이러한 반복 단위는 중합(polymerization) 전 지질 운반체에 결합되고, 막을 가로질러 전좌(translocation) 된다.

4.6 영양 성분의 변화(changes in nutritional value)

요구르트의 영양학적 특성은 다음의 3가지 주요 요인에 의해서 우유와는 다른 양상을 보인다. 유산 생성의 결과로 유당 함량은 우유(50 g/ ℓ)보다 요구르트(30 g/ ℓ)가 더 낮다. 이는 인체의 장에서 유기산, 수소, 메탄 및 이산화탄소 등의 생성을 제한함으로써 유당불내증으로 고생하는 사람들에게는 요구르트가 중요한 선택 요인이 된다. 칼슘과 칼륨 농도 역시 제조과정에서 탈지분유 등으로 무지유고형분(주로 단백질) 함량을 표준화시킨 경우 우유(칼슘 114 mg/100g, 칼륨 143 mg/100g)보다 요구르트(칼슘 200 mg/100g, 칼륨 255 mg/100g)에서 그 함량이 더 높았다.

엽산(folic acid) 역시 우유보다 요구르트에서 더 높은 농도로 나타났다. 필수 비타민인 엽산은 20～150 μg/ ℓ 범위로 *S. thermophilus*에 의해 생합성되며, 합성된 엽산은 *L. delbrueckii* subsp. *bulgaricus*에 의해 일부가 소비되고, 요구르트 내의 평균 함량은 우유의 40 μg/ ℓ 을 초과하는 80 μg/ ℓ 으로 나타났다.

제4장
요구르트 유산균과 프로바이오틱스

1. 프로바이오틱스(probiotics)의 정의

2000년대 초반부터 사람들은 발효유(요구르트)를 통한 건강증진 효과에 관심이 높아지면서 관련 업계는 프로바이오틱스(probiotics), 프리바이오틱스(prebiotics) 및 신바이오틱스(synbiotics) 그리고 최근에는 포스트바이오틱스(postbiotics) 까지 이를 포함한 제품 연구 및 생산에 집중하고 있다.

"프로바이오틱스"에 대하여 국제적으로 통용되는 정의는 "적절한 양을 투여하였을 때 숙주(host)에게 건강상의 이점을 제공해 줄 수 있는 살아있는 생균"으로 규정하고 있다. 원래 프로바이오틱스(probiotics)는 "생명을 위한(for life)"을 의미하는 그리스 단어에서 유래되었으며, 살아있는 비병원성 미생물(living non-pathogenic organisms)이 숙주에 대한 유익한 효과를 나타내는 것으로 정의하고 있다.

그림 4-1. 한국과 미국에서 판매되고 있는 프로바이오틱스 액상 요구르트

프로바이오틱스라는 용어는 1954년 버진(Vergin F)이 항생물질(antibiotics)과 다른 미생물의 대사물질이 장관내 미생물 균총에 미치는 영향을 연구하는 과정에서 처음으로 소개되었다. 그는 프로바이오틱스 또는 프로바이오티카(probiotika)가 장내의 미생물총(microbiota)에 유리하게 작용하고 있음을 관찰하였다.

그 후 프로바이틱스는 1965년 릴리(Lilly D. M)와 스틸웰(Stillwell R. H)에 의해 다른 미생물의 성장을 자극하는 하나의 미생물에 의해 생산된 제품으로 재정의되었다. 이어서 퓰러(Fuller R, 1989)는 섭취하였을 때 숙주의 건강이나 생리적인 측면에 긍정적인 영향을 미치는 비병원성 미생물로 정의하였다. FAO & WHO(2006)에 의해 제시된 최근의 정의는 "적절한 양으로 투여되었을 때 숙주에게 건강상의 이익을 주는 살아있는 미생물(생균)"이라고 하였다.

프로바이오틱스는 광범위한 효과를 발휘하는 것으로 나타났다. 장내 미생물 균총에 영향을 미치거나 면역기능의 향상 등과 같은 프로바이오틱스의 작용기작(mechanism)은 새로운 작용기작으로 인한 건강증진 효과를 포함하고, 작용기작이 확인되기 전에 용어를 적용할 수 있도록 하기 위해 정의에서 삭제되었다.

생리학적인 효능은 사균으로부터 유래하기도 한다. 더욱이 특정 효소가 장으로의 전달되는 것과 같은 특이성 작용기작은 살아있는 세포를 필요로 하지 않는다. 그러나 기능성에 상관없이 죽은 미생물은 생균제가 아닌 것이다.

프로바이오틱스라는 용어는 때때로 공생관계에 있는 유익한 것으로 추정되는 미생물총에 대한 동의어로 잘못 사용되기도 하였다. 이러한 오류는 특정 식이요법 또는 환경 요인들이 토종 프로바이오틱스(native probiotics)를 장려할 수 있다는 주장이기도 하다.

인간과 공생관계에 있는 미생물 균총은 종종 프로바이오틱스가 분리되는 원천이지만, 이러한 균주가 분리되고 나서 회수 수율, 안정성 및 건강증진 효과에 대해 적절하게 특성화되기 전까지는 이들은 프로바이오틱스가 아닌 것이다.

2. 인체 소화기관의 미생물 생태계(ecosystem)

다양한 종류의 미생물과 그 수치의 총량은 위장 또는 소화관(GI, gastrointestinal)과 관련된 복잡한 요인에 의해 결정되는데, 예를 들면 식이요법, 스트레스, 약물 등이 주요한 외적 요인들이다. 중성 전후의 pH를 유지하는 구강을 통과하여 위(stomach)에 도달하면 대부분의 미생물을 사멸시킬 수 있는 매우 낮은 pH(2.5～3.5)와 접촉하게 된다. 위 내부의 미생물 수준은 평균 10^1～10^3 cfu/mℓ 범위이며, streptococci, lactobacilli 및 효모 같은 그램 양성균이 우세균으로 존재한다.

활성적인 장액(담즙액, 췌장액)과 짧은 이동시간 때문에 십이지장은 또한 미생물에 대한 적대적인 환경을 조성하며, 일시적으로 비교적 적은 숫자의 미생물만을 함유하고 있다. 인체의 소화기관인 공장(jejunum)과 회장(ileum)에서 이용할 수 있는 상대적으로 낮은 미생물 수준은 소화기관의 말단 영역에 이르러서는 균총의 종류 및 미생물 숫자의 지속적인 증가(10^8 cfu/mℓ까지)를 암시한다.

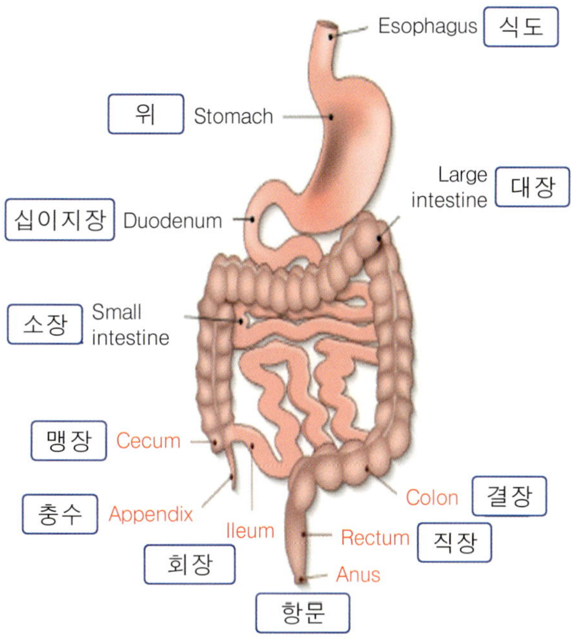

그림 4-2. 인체의 주요 소화기관 모식도

표 4-1. 주요 소화기관별 분포 미생물의 종류와 수준

소화기관	균수(cfu/mℓ)	균 종
위(stomach) 십이지장(duodenum)	10^1 ~ 10^3	Lactobacilli, Streptococci, Yeasts
공장(jejunum) 회장(ileum)	10^4 ~ 10^8	Lactobacilli, Enterobacteriaceae, Streptococci, *Bacteroides*, Bifidobacteria, Fusobacteria
결장(colon)	10^{10} ~ 10^{12}	Lactobacilli, Enterobacteriaceae, Streptococci, Bacteroides, Bifidobacteria, Fusobacteria, Clostridia, *Veillonella*, *Proteus*, Staphylococci, *Pseudomonas*, Yeasts, Protozoa

유산균(LAB) 그룹 외에도 하부 소화기관으로 갈수록 bifidobacteria의 수가 증가함에 따라 Eenterobacteriaceae와 같은 그램 음성의 조건적 혐기성균(facultative aerobic) 그룹, 그리고 *Bacteroides*와 *Fusobacterium* 같은 절대혐기성균(obligatory anaerobic) 속(genera)들도 나타난다.

절대호기성균(strict anaerobes)은 회장 판막(ileo-caecal valve) 상부에서도 숫자가 증가한다. 또한 절대호기성균은 낭강 또는 주머니 공간(lumen)에서는 통성혐기성균(facultative anaerobes)보다 100~1000배 더 많고, 세균수는 일반적으로 10^{11} cfu/㎖을 넘는다.

3. 프로바이오틱스 미생물과 건강증진 효과

비록 프로바이오틱스 미생물이 건강을 증진시키는 것으로 여겨지고 있으나, 관련된 실제적인 작용기작은 아직 완전히 명쾌하게 밝혀지지는 않았다. 바람직한 기술적인 특징 외에도 건강 증진 또는 건강 유지와 관련된 요인들은 균주 선발의 중요한 기준으로 작용한다.

프로바이오틱스 특성을 지닌 다양한 제품 유형 또는 보충제는 동결건조(lyophilization) 균주 또는 발효식품 형태로 이용이 가능하다. 아마도 *Lactobacillus acidophilus*와 카제이균(*Lactobacillus casei* strain Shirota)이 프로바이오틱스 효과가 있는 것으로 알려진 미생물 균주 중에서 이들의 건강상 이점 때문에 가장 오랜 기간 동안 사용한 역사를 가지고 있다.

오늘날 상업용 프로바이오틱스 제품에서 *Lactobacillus* spp. 가장 널리 사용되고 있으며, 다음으로는 *Bifidobacterium* spp.와 일부 다른 유산균 속이며 그리고 소수의 비유산균성 미생물도 포함되어 있다. 그러나 이러한 비유산균성 미생물은 유제품이나 다른 식품에는 거의 사용되고 있지 않으며, 동결건조나 캡슐화(encapsulation)된 의약품 제제에 응용되고 있다.

1990년대 중반부터 유럽 시장에서는 주로 새로운 유형의 발효 유제품(프로바이틱스 함유)에 중점을 두고, 요구르트 유사 제품의 범위가 꾸준히 증가하였다. 일반적으로 *Streptococcus thermophilus*는 마일드한 유형의 요구르트 생산에 주로 이용되고 있으나, 낮은 산성 조건에서 발효가 유지되는 특성 때문에 새로운 유형의 요구르트 생산에 복합 균주 형태로 널리 사용되고 있다(일부 경우에 있어서는 오직 *L. casei* strain Shirota 균주만이 발효 공정과 관련이 있음).

이들 제품에 사용되는 프로바이오틱스 균주는 일반적으로 성인의 소화관(GIT)에서 서식하는 미생물군으로부터 유래하였다. 예를 들어 인간의 소화관에 서식하는 미생물

표 4-2. 프로바이오틱스 제품에 사용되는 주요 미생물 균종

Lactobacillus species	*Bifidobacterium* species	Other LAB (유산균)	Non-lactic (비유산균성 미생물)
L. acidophilus *L. casei* *L. crispatus* *L. gallinarum* *L. gasseri* *L. johnsonii* *L. plantarum* *L. reuteri* *L. rhamnosus*	*B. aldolescentis* *B. animals* *B. bifidum* *B. breve* *B. infantis* *B. lactis* *B. longum*	*Ent. faecalis* *Ent. faecium* *Lactoc. lactis* *Leuc. mesenteroides* *Ped. acidilactici* *Sporolactobacillus inulinus* *Strep. thermophilus*	*Bacillus cereus* *Escherichia coli* *Propionibacterium freudenreichii* *Saccharomyces cerevisiae*

※ Holzapfel 등(1998)

과 관련하여 토착 균주(autochthonous strain)인 *Lactobacillus* spp.는 출현 빈도가 상당히 높은 미생물군에 해당이 된다.

잠재적인 프로바이오틱스 균주가 유익한 효과를 발휘하기 위해서는 특정한 몇 가지 바람직한 특성을 나타내야 한다. 현재 체외 실험(*in vitro*)으로 확인되는 것은, 입으로 섭취하는 프로바이오틱스의 소화관 환경 조건하에서의 산과 담즙에 대한 내성(acid & bile tolerance)이다.

다음은 성공적인 면역 조절기능 유지, 병원균의 경쟁적 배제뿐만 아니라 병원균의 유착 또는 부착(adhesion) 및 집락화(colonisation) 방지 등에 중요한 프로바이오틱스 미생물의 점막(mucosal) 및 상피세포 표면에 대한 유착상태를 검사하는 것이다. 끝으로 병원균에 대한 항균 활성(antimicrobial activity)과 담즙염의 가수분해 효소 활성(hydrolase activity)을 측정한다.

최종 제품에 대한 프로바이오틱스 함유 수준은 임상실험을 통하여 밝혀진 효능과 그램당 집락형성 단위(cfu/g : colony forming unit)의 수준이 중요 변수가 된다. 비록 효능을 발휘할 수 있는 최소 유효농도에 대한 정보는 여전히 불충분하지만, 일반적으로 프로바이오틱스 제품은 최소 농도 10^6 cfu/mℓ 또는 g를 유지해야 하며, 프로바이오틱스 효과가 소비자에게로 전이되기 위해서는 매일 총 $10^8 \sim 10^9$ 수준의 프로바이오틱스 미생물을 섭취해야 하는 것으로 여기고 있다.

또한 프로바이오틱스 균주는 제조공정 등을 포함한 제반 환경 조건에서 성장할 수 있어야 하며, 정상적인 저장 조건에서 소비기한까지 생존성을 유지해야 한다.

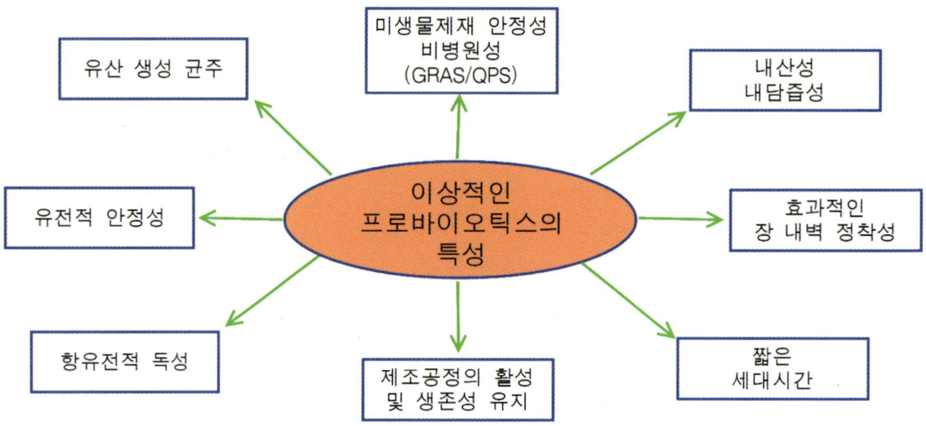

그림 4-3. 이상적인 프로바이오틱스 균의 구비조건

프로바이오틱스가 효능을 나타내는 정확한 방식이 아직 완전히 설명되지 않았으나 다양한 작용기작을 지니고 있다. 여기에는 박테리오신(bacteriocin)과 단쇄지방산(short chain fatty acid) 생성, 소화관 내부의 pH의 감소, 그리고 영양성분의 경쟁에서부터 점막 장벽 기능의 자극과 면역조절(immunomodulation)에 이르기까지 다양한 기능들이 포함된다.

장 건강의 향상, 면역반응의 증진, 혈청 콜레스테롤의 감소 및 암 예방 효과 등을 포함하여 프로바이오틱스로부터 기인하는 유익한 효과에 대한 주장과 연구결과가 증가하고 있다. 이러한 건강 기능성은 균주의 특이성과 밀접한 관련이 있고, 위에서 언급된 다양한 작용기작에 의해 영향을 받는다. 건강상의 효능 중 일부는 과학적인 근거가 제시되어 있는 반면에, 일부 다른 기능에 대해서는 추가적인 연구가 필요한 상황이다.

사실 급성 설사 질환의 치료, 항생제 관련 설사 예방 및 유당 대사장애 개선 등에 프로바이오틱스의 효능을 뒷받침하는 상당한 증거가 있지만, 다른 임상조건에서는 사용을 권장할 만한 충분한 증거가 아직도 부족하기 때문이다. 건강상의 효능을 검증하는 수단으로서 영양적인 측면에 프로바이오틱스의 작용을 뒷받침하는 과학적인 증거들이 나타나고 있다.

이러한 증거는 특정 질환의 예방 및 치료와 관련하여 적절해 보이지만, 다른 증상에 미치는 효능에 관해서는 아직도 논란의 여지가 있다.

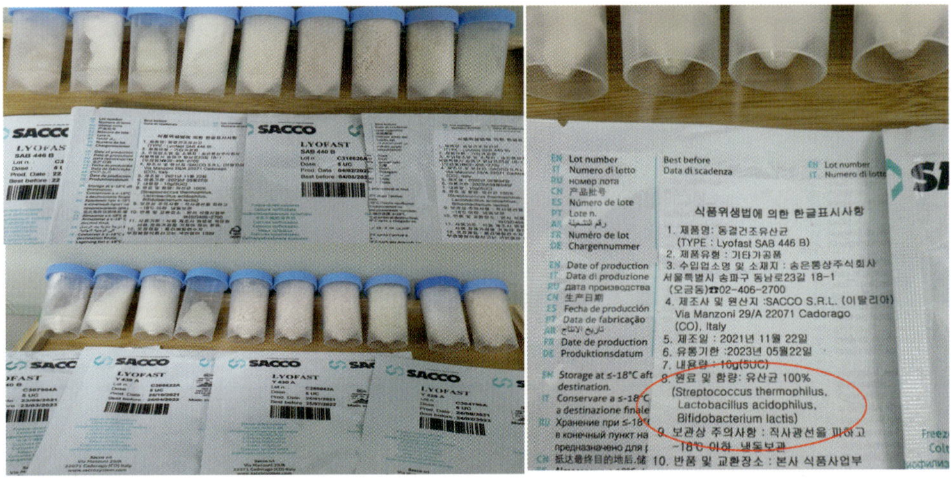

그림 4-4. 프로바이오틱스 균주가 함유된 요구르트 제조용 스타터

가장 잘 알려진 효과는 유당불내증(lactose intolerance), 항생제 관련 설사, 전염성 설사 그리고 알레르기와 같은 장 질환을 포함하며, 다양한 다른 조건에서의 잠재적인 역할에 대한 새로운 연구 결과들이 속속 나오고 있다.

현재 프로바이오틱스는 관련 소비자들의 인식이 집중되는 동시에 이들 제품들은 점점 더 인기를 얻고 있으며, 가장 큰 기능성 식품 시장 중의 하나를 대표하고 있다. 특히 요구르트는 식품 가공기술의 진보와 증가하는 수요의 결과로서, 지속적으로 진화하는 비낙농제품 부문과 함께 프로바이오틱스 미생물을 소비자에게 전달하는 가장 중요한 매개체 역할을 하고 있다. 따라서 선순환(vituous ciecle) 구조가 형성된다. 즉 제품의 관능적 특성이 향상된 신제품의 범위가 확장됨에 따라 소비자의 수요가 증가하고, 식품산업은 새로운 공정과 제품 개발을 통하여 성장하는 시장에 더 많은 투자를 하게 되는 것이다.

4. 프리-, 신-, 포스트바이오틱스(Pre-, Syn-, Postbiotics)

음식에 함유된 살아있는 미생물, 특히 유산균과 관련된 건강증진 효능에 대한 주장은 오랜 역사를 지니고 있다. 구약성서(Old Testament)의 페르시아어판(창세기 18:8)에는 아브라함이 사워 밀크(sour milk)를 먹었기 때문에 장수를 했다고 기술되어 있다. 기원전 76년에 로마 역사가 플리니우스(Plinius)는 위장병(gastroenteritis) 치료를 위한 발효유제품 사용을 권하기도 하였다.

표 4-3. 유산균을 사용한 발효유제품의 기능성(외국 사례)

제품명	원산지	컬처명	기능성
Probiotic yogurt	Ontario, Canada	*L. rhamnosus* CAN-1	사람 면역결핍바이러스(HIV)에 대한 영양 및 면역 기능
Mix ewe's & goat's milk yoghurt	Antakya-Hatay, Turkey	*S. thermophilus* & *L. delbrueckii* subsp. *bulgaricus*(Ch-1 & YF-333)	단쇄 유리지방산 생성
Ayran (goat's milk yogurt)	Turkey	*L. plantarum*, *L. brevis*, *L. paracasei* subsp. *paracasei*, *L. casei* subsp. *pseudoplantarum*	고농도 세포밖다당류 생성
Gioddu(sheep's or goat's milk fermented)	Sardinian, Italy	*S. thermophilus*, *L. lactis* subsp. *lactis*, *L. delbrueckii* subsp. *bulgaricus*, *L. casei* subsp. *casei*, *L. mesenteroides* subsp. *mesenteroides*	프로바이오틱스
Tarag	Mongolia	*L. helveticus*, *L. lactis* subsp. *lactis*, *L. casei*	프로바이오틱스
Fermented milk	Japan	*L. casei* strain Shirota	척수병증 및 열대성경성대마비증 환자의 부양치료
Koumiss from mare's milk	Italy	*S. thermophilus*, *L. delbrueckii* subsp. *bulgaricus*	항알러지 효과
Functional fermented milk	Italy	*L. lactis* DIBCA2, *L. plantarum* PU11	앤지오텐신 변환효소 ACE I의 강화(ACE inhibitor로 작용)
Kumiss	West Colombia	*E. faecalis*, *E. faecium*	ACE inhibitor로 작용
ewe's milk yoghurt	Iran	*L. brevis*	콜레스테롤 저하 효과
Massai	Kenya	*L. plantarum*, *L. fermentum*, *L. acidophilus*, *L. paracasei*	설사와 변비(constipation) 증상 치료

20세기 초에 미생물학의 본격적인 발달과 더불어 메치니코프의 발효유 음용에 의한 불가리아인의 장수설을 주장하면서 전 세계적으로 요구르트를 포함한 발효유제품에 대한 많은 관심이 집중되기 시작하였다.

오늘날에는 요구르트를 통한 건강증진 효과에 소비자들의 관심이 높아지면서 이미 위에서 자세히 언급한 프로바이오틱스(probiotics)를 중심으로 프리바이오틱스(prebiotics), 신바이오틱스(synbiotics) 그리고 최근에는 포스트바이오틱스(postbiotics) 등에 대한 다양한 연구 및 상업화가 빠르게 진행되고 있다.

4.1 프리바이오틱스(prebiotics)

1995년 Gibson과 Roberfroid는 "프리바이오틱스(prebiotics)는 대장 또는 결장(colon)에서 한 종 또는 제한된 수의 미생물에 대한 성장 및 활성을 선택적으로 자극하여 숙주(host)에게 유익한 영향을 미치는 비소화성 식품 원료(nondigestible food ingredient)"로 정의하였다.

식품의 원료가 프리바이오틱스로 분류되기 위해서는 ① 소화관의 상부에서 가수분해 되거나 흡수되지 않을 것, ② 성장을 자극되거나 대사적으로 활성화되는 대장에 공생하는 하나 또는 제한된 수의 유익한 미생물 대한 선택적 기질로 작용할 것, ③ 보다 더 건강한 장의 환경조성을 위하여 대장의 미생물총(colonic flora)을 변화시킬 수 있을 것, ④ 숙주 건강에 이로운 내강(luminal) 또는 침투성 효과를 유도할 수 있을 것 등의 요건을 갖추어야 한다.

식품 원료들 중 비소화성 탄수화물(올리고당, 다당류), 일부 펩타이드와 단백질, 그리고 특정 지질(에테르와 에스테르)은 프리바이오틱스 후보군들이었다. 화학구조 때문에 이들 화합물은 위장관의 상부에서 흡수되거나 인체의 소화효소에 의해 가수분해 되지 않는다. 이러한 성분들은 대장식품(colonic food)이라고 불릴 수 있다. 즉 음식물이 대장으로 들어가 내인성 대장 내부 미생물의 기질로 작용하여 간접적으로 숙주에게 에너지, 대사기질 및 미세 영양성분 등을 제공한다. 대부분의 대장식품 중에서 난소화성 탄수화물은 자연적으로 생성되며, 위의 내용에서 정의된 것과 같은 프리바이오틱스의 기준을 충족시킬 수가 있다.

1995년 당시에 프로바이오틱스로 분류된 원료로는 fructans(inulin + fructooligosaccharides 또는 oligofructose), galactooligosaccharides, resistant starch, polydextrose, pectin 및 cocoa-derived flavanols 등이 해당된다. 이후 2004년(Gibson 등)에 프리바이오틱스는 "선택적으로 발효되는 원료로서, 장관내 미생물총의 구성 및 활성을 변화시켜 숙주의 건강과 복지(wellbeing)에 도움을 주는 것"으로 재정의하였다.

표 4-4. 프리바이오틱스 원료의 종류

구 분	종 류
Lactulose	합성 이당류(Gal β1-4 Fru. 형태)
Inulin-type fructans	fructooligosacchride(FOS) - 치커리(chicory 뿌리 추출 inulin) - Synergy(단쇄 OF + 장쇄 inulin)
Trans-galactooligosaccharides	oligosaccharide 함유(Glu α1-4 form) - lactose syrup으로부터 생산(β-galactosidase)
Dietary ingredients (candidate prebiotics)	polydextrose(glucose polymer)
	soybean oligosaccharides - trisaccharide raffinose, tetra saccharide stachyose
	lactosucrose - lactose와 sucrose의 혼합물로부터 생산 (β-fructofuranosidase)
	isomaltooligosaccharides - glucose monomer(α-1-6 glucosidic linkage)
	glucans - 통상 glucooligosaccharide로부터 생산(glucosyltransferase)
	xylooligosaccharides - xylose 분자 체인(β1-4 bond)
기 타	- pectic oligosaccharides - mannanoligosaccharides sugar alcohols(lactitol, isomalt, sorbitol, maltitol)

4.2 신바이오틱스(synbiotics)

일반적으로 신바이오틱스는 위장관 내에서 생균 식이 보충제의 생존성과 이식(implantation) 능력을 향상시킴으로써 숙주에 유익한 영향을 미치는 프로바이오틱스와 프리바이오틱스로 이루어진 혼합물로 정의하고 있다.

따라서 신바이오틱스라는 용어는 제품에 프로바이오틱스와 프리바이오틱스 모두가 함유되어 있을 때 사용된다. 단어 자체가 시너지(상승효과, synergism) 효과를 의미하기 때문에 제품 내에 함유된 프리바이오틱스 화합물은 프로바이오틱스 화합물을 선택적으로 증식시켜야 한다.

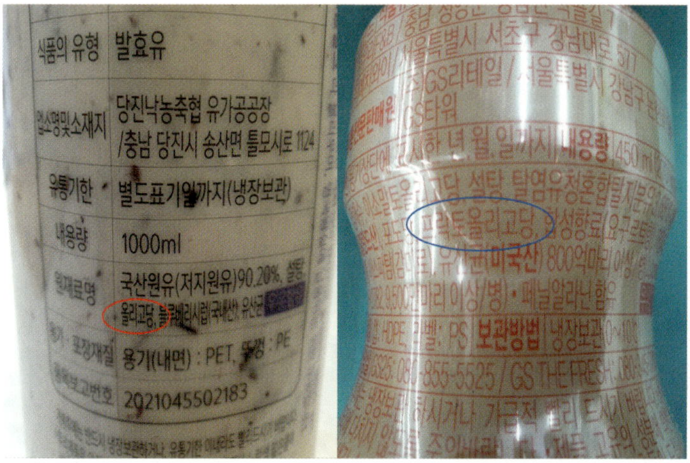

그림 4-5. 프로바이오틱스(올리고당)가 함유된 국내 발효유 표기사항

엄격한 의미에서 oligofructose와 프로바이오틱스 균주인 bifidobacteria는 신바이오틱스이지만, oligofructose와 *Lactobacillus casei* 균주는 그렇지 않다. 그러나 일부 연구자들은 체내로 lactobacilli를 섭취하고, 다른 한편으로는 토착 bifidobacteria의 성장 촉진에 의해 생체 내에서 시너지 효과가 달성된다고 주장하기도 한다.

신바이오틱스 조합에 사용할 수 있는 주요 프로바이오틱스는 *Lactobacilli*, *Bifidobacteria* spp., *Saccharomyces boulardii*, *Bacillus coagulans* 등이 있다. 그리고 프리바이오틱스로는 치커리(chicory)와 야콘(yacon) 같은 천연물로부터 제조되는 fructo-oligosaccharide(FOS), galactooligosaccharide(GOS), xylooligosaccharide(XOS) 및 inulin 등의 올리고당류가 널리 사용되고 있다.

사람이 신바이오틱스 함유 제품을 이용함으로써 얻을 수 있는 건강상의 이점들로는 lactobacilli와 bifidobacteria의 수치 증가 및 미생물총의 균형 유지, 간경변(cirrhotic) 환자의 간 기능 개선, 면역조절 능력 향상 그리고 수술환자의 세균 전이 방지 및 병원내 감염 발생률 감소 등의 효과가 있는 것으로 나타났다.

4.3 포스트바이오틱스(postbiotics)

이미 제품 등의 표기사항에 표시된 수량으로 존재하는 프로바이오틱스는 일반적으로 포스트바이오틱스(postbiotics)를 생산하는 것으로 알려져 있다. 포스트바이오틱스의 동의어로는 대사산물(metabolite), 유산균의 생성물질(biogenic), 무세포 상층액(cell free supernatant), 메타바오틱스(metabiotics) 및 프로바이오틱 활성의 대사 폐기물(metabolic waste) 등이 사용되기도 한다.

그림 4-6. 국내 시판 발효유의 프리-, 신-, 포스트바이오틱스 표기사항

프로바이오틱스로부터 생성된 이들은 분자량이 50~100 kDa인 가용성, 비생존성 미생물 물질이다. 또한 이들은 숙주에 대한 생물학적 활성(biological activity)을 지니며, 최종 대산산물인 포스트바이오틱스는 프로바이오틱스 미생물의 적합성을 결정하게 된다.

포스트바이오틱스는 프로바이오틱스 또는 이를 통하여 방출된 분자의 대사 활성에 의해서 직접 또는 간접적으로 숙주에게 유익한 효과를 줄 수 있는 모든 인자로 정의되었다(Tsilingiri 등, 2013). 이후 2019년(Yelin 등)에 포스트바이오틱스는 숙주에게 건강증진 효과를 제공하는 사균(inanimate bacterias) 또는 이들의 구성 성분으로 다시 정의되었다.

다른 형태의 포스트바이오틱스는 세포외 및 세포내 모두에서 생성이 된다. 세포벽의 구성 성분은 세포밖다당류(exopolysaccharide)와 펩티도글리칸(peptidoglycan) 등을 포함하고 있다. 세포내 주요 대사산물은 유산, 아세트산과 같은 유기산, 뷰티르산(butyric acid, BA), 아세테이트, 프로피온산과 같은 단쇄 지방산, 애시도필린, 비피딘, 루테린과 같은 박테리오신(bacteriocin) 그리고 세포벽 분비 단백질인 p40와 p75 및 락토세핀(lactocepin)을 포함하는 펩타이드 등이다.

포스트바이오틱스는 면역조절, 항염증(anti-inflammatory) 및 항균 특성을 지닌 장 상피세포의 특정 조직에 국부적인 효과를 발휘하는 것으로 입증되었으며, 또한 소아 지방변증 또는 셀리악병(seliac disease) 예방과 함께 항발암성(anticarciogenic), 항증식성(antiproliferative) 효과로 여러 장기 또는 조직에 체계적인 영향을 미치는 것으로 보고되었다.

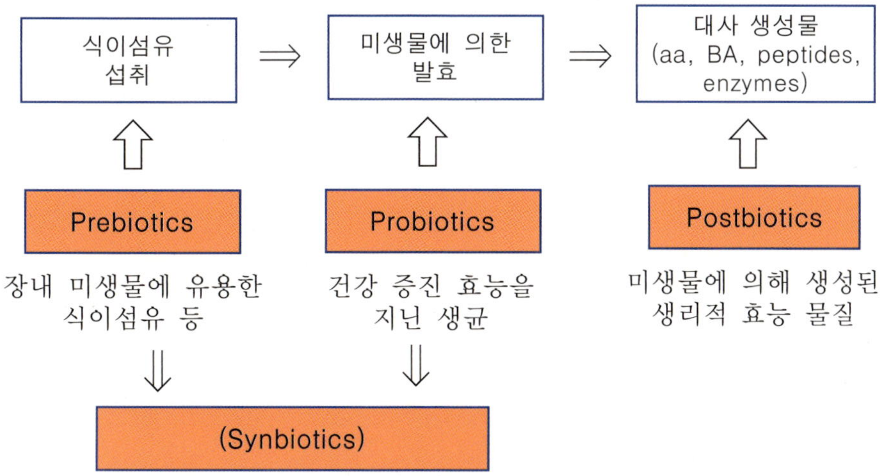

그림 4-7. 프리-, 프로-, 신- 및 포스트바이오틱스의 계통도

제5장

요구르트 제조 원료 및 첨가제의 특성

1. 요구르트 제조의 일반원리

필자가 생각하는 요구르트(발효유제품)를 만들기 위한 필수 요소 4가지는 요구르트의 주요 원료인 우유, 발효(배양)를 개시, 유지시켜 주는 유산균(유산균 배양액 또는 스타터)의 활력, 적정한 배양온도(37~43℃), 그리고 배양시간(4~7시간)이라고 여겨진다.

유가공 본업을 떠나 일반 업무 부서에 근무하던 시절 필자는 집에서 요구르트를 직접 만들어 마신 시절이 있었다. 먼저 시중에서 판매하는 살균 우유(시유) 1리터 용량 2팩과 발효가 잘 되는 것으로 알려진 드링크 요구르드(플레인, 150㎖) 1병을 구입한다. 우유를 용기에 담아 온수를 틀어 약 40℃(온도계 없이도 손가락을 담그어 다소 따뜻한 느낌) 정도로 맞춘 다음, 우유팩을 개봉하여 우유 약 100㎖ 정도를 따라낸다. 이어서 드링크 요구르트 약 50㎖를 각각의 우유팩에 넣고 잘 흔들어 주고, 열린 팩 부위를 잘 닫아준다(완전 밀봉시키지 말 것).

다음은 우유팩 보다 깊고 보온이 잘 유지되는 스테인리스 찜통 용기로 옮겨 40℃의 물로 우유팩 내부의 우유가 담긴 높이보다 약 3~4cm 더 높게 물을 채운다. 물의 온도가 좀 낮아졌다 싶으면 가스레인지를 틀어 순간적으로 열을 가하고 다시 온도를 유지시켜 준다.

이러한 상태로 4~5시간 유지(발효)하게 되면 적당한 상태의 응고물을 확인할 수가 있다(발효 종료 시점). 찜통 용기에서 꺼낸 발효된 우유는 차가운 수돗물을 이용하여 20℃ 정도로 냉각시킨다(냉각 중에 잘 흔들어 주어 응고물을 분쇄함). 미리 준비한(세척 후 뜨거운 온수로 씻어 건조) 유리병 또는 밀폐용기에 담아 냉장보관 하면서 그대로 마시거나 또는 산미가 느껴질 경우에는 꿀, 과일시럽 등을 넣어 먹어도 요구르트의 맛을 제대로 느낄 수가 있다(1주일 정도 보관 가능).

상업적인 요구르트의 제조 공정은 다음의 3가지 주요한 단계를 따른다. 제조 공정의 선택에 따라 최소한 4가지 유형(정치형, 교반형, 드링크형, 농축형)의 요구르트를 만들 수 있으며, 공정의 각 단계가 요구르트의 최종 품질에 영향을 미친다. 정치형 요구르트(set-type yogurt)를 제외한 나머지 제품들은 발효가 종료된 후에 풍미 성분을 첨가하여 포장작업이 이루어진다는 점이다.

① 탈지분유, 당류 등을 혼합하여 믹스를 제조한 후 균질(homogenization), 살균 또는 열처리(heat treatment), 냉각(cooling) 및 탈기(deaeration) 같은 물리적인 조작 공정.

② 최종 믹스를 적정 온도로 냉각한 다음 유산균을 첨가하여 배양(발효공정) 개시.

③ 배양이 종료된 요구르트의 냉각, 후처리(과일 잼, 과일 농축액 등의 첨가) 및 충진·포장.

한편, 국내에서 소규모 단위로 운영되는 목장형 유가공공장(farmstead)의 경우 대부분이 균질 공정을 거치지 않고 원유를 살균, 배양 온도로 냉각한 다음 후속적인 공정은 거의 동일한 방법으로 이루어진다.

2. 요구르트 제조 원료별 특성

2.1 원료유

요구르트 제조 시 가장 많이 사용하는 원료유는 원유(raw milk) 또는 우유이다. 우유의 성분 조성은 개체 및 사양 환경 등의 여러 가지 요인에 의해서 영향을 받는다. 사료, 품종(breed), 개체별 유전형질, 비유기, 사양관리, 계절 등과 같은 다양한 요인뿐만 아니라 이들 요인 간의 상호 작용 역시 영향을 미친다. 또한 우유 이외에도 양젖과 염소젖 등을 사용하며, 우리나라 일부 목장형 유가공공장에서도 우유와 산양유를 90 : 10 비율로 혼합하여 요구르트를 만들기도 한다.

한편, 품질이 우수한 유제품을 안정적으로 생산하기 위해서는 기본적으로 고품질 원유가 확보되어야 한다. 고품질 원유(high-quality raw milk)의 요건으로는 성분 조성면에서 완전할 것(지방, 단백질 함량), 이취(off-flavor) 및 불쾌취(odor)가 없을 것, 항생물질 및 동물약품 등의 잔류 물질이 함유되어 있지 않을 것, 물(가수) 및 기타 이물질의 혼입이 없으며 위생적으로 우수한 품질(일반 세균수와 체세포수가 낮을 것)을 지녀야 한다.

저지 젖소(Jersey dairy cattle)는 영국 채널제도의 저지섬이 원산지인 체형이 다소 작은 젖소의 한 품종(연한 황갈색의 모색)이다. 영국 왕실의 전용 우유를 공급할 목적으로 1848년부터 윈저성에서도 사육을 시작하였으며, 이로 인해 저지(Jersey) 젖소에서 생산한 우유를 로열 밀크(Royal Milk) 또는 높은 지방함량으로 인해 황색을 띠고 있어 골든 밀크(Golden milk)로 불리기도 한다.

이에 2023년 1월 현재 필자가 근무하고 있는 당진낙농축협에서도 한·미 FTA 타결 등에 따른 국내 낙농 환경의 다변화를 위하여 사료 섭취량과 분뇨 발생량이 적으며, 유지방 및 유단백질 함량이 월등히 높은 저지종 육성사업을 시작하였다. 2011년

표 5-1. 주요 동물 젖의 영양성분 함량

구 분	수분(%)	유당(%)	지방(%)	단백질(%)	무기질(%)
우 유 (cow's milk)	87	4.4~4.8	3.5~4.4	2.9~3.4	0.8~1.0
염소젖 (goat's milk)	88	3.9~4.9	3.3~4.1	2.4~3.1	0.7~0.9
양 젖 (sheep's milk)	82	4.2~4.8	5.3~6.8	5.1~5.8	0.9~1.0

표 5-2. 주요 젖소 품종의 영양성분 함량

구 분	지방(%)	단백질(%)	유당(%)	고형분(%)	수분(%)
홀스타인 (Holstein)	3.4	3.3	4.89	12.26	87.74
브라운 스위스 (Brown Swiss)	3.86	3.48	5.09	13.15	86.85
저 지 (Jersey)	5.05	3.79	5.00	14.54	85.46

표 5-3. 국내 홀스타인과 저지 우유의 주요 영양성분 함량 비교

구 분	지방(%)	단백질(%)	유당(%)	고형분(%)
홀스타인 (Holstein)	4.12	2.82	4.89	12.55
저 지 (Jersey)	4.99	3.26	4.72	13.66

7월 캐나다산 저지종 수정란을 도입, 이식하여 이듬해인 2012년 4월 국내 최초로 저지 송아지 7두(암송아지 3두)를 분만하였다. 2023년 1월 현재 당진낙농축협에서는 저지종 젖소 총 60여두를 사육하고 있으며, 착유우 25두에서 1일 평균 약 400kg 이상의 저지 원유를 생산하고 있다.

표 5-4. 당진낙농축협 저지 원유 주요 영양성분 함량 변동 추이(조합 자체 검사성적)

구 분	지방(%)	단백질(%)	무지유고형분 (SNF, %)
2022.1	5.44	4.00	9.39
2022.2	5.57	4.15	9.23
2022.3	5.30	3.82	9.01
2022.4	5.18	3.56	8.89
2022.5	4.62	3.50	8.59
2022.6	5.15	3.74	9.04
2022.7	4.85	3.59	8.98
2022.8	4.59	3.35	8.55
2022.9	5.15	3.61	8.98
2022.10	5.43	3.84	9.08
2022.11	5.56	4.04	9.27
2022.12	5.32	3.99	9.40

그림 5-1. 당진낙농축협 저지 젖소와 저지 원유로 만든 요구르트

당진낙농축협 저지 요구르트의 일반적인 특성은 홀스타인 원유로 만든 요구르트보다 점도 및 조직감(크림상의 부드러운 식감)이 우수, 상대적인 단백질 및 지방함량이 높고, 유통기한(제조일로부터 20일, 안정제 등 무첨가) 종료 시까지 유청분리 현상이 거의 나타나지 않는 것이 특징이다.

2.2 탈지분유 및 유청단백질 분말

전통적으로 요구르트 생산을 위해서는 주원료인 우유의 고형분 함량을 증가시키는 방법이 사용되었다. 먼저 원료 우유의 지방 함량을 크림과 탈지분유(SMP, skim milk powder)를 혼합하여 원하는 수준으로 표준화(standardisation) 시킨다.

다음은 무지유고형분(SNF, solids non-fat) 함량은 전통적으로 40~50g / kg 수준이 되게 단백질 농도를 증가시킨다. 우유 베이스의 영양성분 강화는 제품의 기능적·영양적 특성의 향상은 물론이고, 관능검사와 실험기기를 통하여 측정되는 굳기가 약한 겔 형성(poor gel firmness)과 유청 또는 수분분리(syneresis) 현상 같은 조직적 결함을 방지하는 가장 중요한 단계 중의 하나이다. 원하는 수준만큼의 단백질과 고형분 함량을 증가시키기 위한 현재 이용 가능한 3가지 주요한 방법은 다음과 같다.

① 단백질 분말 소재 첨가 - 탈지분유(skim milk powder), 유청단백질 농축물(whey protein concentrate), 카제인염(Na-caseinate)

② 진공농축(vacuum evaporation)에 의한 우유 내 수분 증발

③ 한외여과(ultrafiltration) 및 역삼투(reverse osmosis) 등의 막여과(membrane filtration) 방식에 의한 우유 내 수분 제거

일반적으로 전지분유(whole milk powder) 대신에 탈지분유를 첨가하는 이유는 전지분유의 경우 지방에 의한 산화취(oxidised flavor)가 생성되기 때문이다. 성분 강화를 목적으로 한 탈지분유 첨가는 요구르트를 만드는 가장 보편적인 관행이며, 요구르트의 발효용 믹스를 준비하는 표준 공정이기도 하다.

요구르트 믹스에서 탈지분유의 첨가 비율은 권장 수준은 3~4%이며, 1%에서 최대 6%까지 다양한 범위에서 선택할 수가 있다. 일반적으로 2%의 탈지분유를 첨가할 경

표 5-5. 전지분유와 탈지분유의 주요 영양성분 함량 비교

구 분	지방(%)	단백질(%)	유당(%)
전지분유	26~29	25~27	35~38
탈지분유	~1.3	34~38	48~56

우 요구르트 조직감을 개선하는 데 적절한 것으로 알려져 있다. 필자의 경우 탈지분유 첨가량은 액상 요구르트 1.5~2.0%(탈지유 기준), 호상 요구르트 2.5%(원유 기준), 그리고 드링크 요구르트(원유 기준)는 3.0% 수준으로 사용하였다.

우유 단백질은 불용성 카제인 또는 케이신(casein)과 가용성 유청단백질(whey protein)의 2종의 주요 성분으로 구성되어 있다. 우유 전체 단백질의 약 80%를 차지하는 카제인은 탈지유에 산을 첨가하는 등전 침전(pH 4.6, isoelectri precipitation) 또는 렌넷 작용에 의한 응고(coagulation)를 통하여 생산되는 치즈의 부산물인 유청(whey)으로부터 쉽게 회수할 수 있다. 유청단백질은 나선형(α-helix) 구조를 지닌 구상형 분자로 구성되어 있고, 산/염기 및 소수성/친수성 아미노산이 이들의 폴리펩타이드 사슬을 따라 상당히 균형을 이루어 분포하고 있다.

1980년대 후반부터 영양 가치와 유용한 기능성을 지닌 유청단백질에 대한 관심과 수요가 증가하기 시작하였다. 한외여과(ultrafiltration), 역삼투(reverse osmosis) 및 미세여과(microfiltration) 등과 같은 막 여과기술의 발달로 인하여 유청 분말(whey powder), 농축 유청단백질(WPC, whey protein concentrate), 분리 유청단백질(WPI, whey protein isolate)을 포함한 다양한 유청단백질 제품의 생산이 가능해졌다.

주로 한외여과 방법을 통하여 생산되는 WPC의 단백질 함량은 35~80% 범위의 제품이다. 반면에 WPI는 단백질 함량이 약 95%에 달하는 매우 고품질 제품이다. WPC와 WPI를 첨가한 제품은 수분 결합능 또는 유지능(water binding 또는 holding capacity), 거품 생성(foaming), 겔화(gelation) 및 유화 능력이 개선되는 것으로 나타났다 .

표 5-6. 유청으로부터 분리한 유청단백질 분획의 특성

구 분	농도(g/L)	분자량(kDa)	아미노산 잔기 수
β-lactoglobulin(β-LG)	1.3	18,277	162
α-lactalbumin(α-LA)	1.2	14,175	123
Bovine serum albumin(BSA)	0.4	66,267	582
Immunoglobulins(A,M,C)	0.7	25,000~70,000	-
Bovine lactoferrin(BLF)	0.1	80,000	700
Lactoperoxidase(LP)	0.03	70,000	612
Glycomacropeptide(GMP)	1.2	6,700	64

2.3 요구르트 스타터 컬처(yogurt starter cultures)

스타터 컬처(starter cultures)란 발효식품을 생산하기 위한 발효의 개시, 발효 공정의 가속화 및 조절 기능을 수행하며, 원유(raw milk) 또는 살균유 믹스에 접종(inoculation)하는 하나 또는 그 이상의 유익한 균주로 구성된 배양액 또는 건조 분말로 정의할 수 있다. 또한 스타터 컬처는 요구르트, 치즈 등의 발효 유제품을 만드는데 필수적인 미생물(세균, 효모, 곰팡이 및 이들의 혼합물)을 포함하고 있다.

일반적으로 우유는 벌크 스타터(bulk starter)를 만들기 위한 성장용 배지로 사용하지만, 스타터의 성장 촉진을 위해 다른 원료 성분들이 첨가되기도 한다(탈지분유, 인산염, 구연산소다, 덱스트로스, 덱스트린, 판크레틴, 자가분해 효모 분말, 유당, 설탕 등). 스타터는 적절한 온도 조건하에 우유에서 유산균의 성장이 필수적인데, 전통적인 스타터는 적정 온도에서 우유 내에 유산균의 성장을 통하여 만들어진다.

이후부터는 신선한 우유에 전일 배양액의 일부를 접종하여 연속적인 유산균의 증식(propagation)과 성장을 유지하게 된다. 현재 스타터는 제조 과정에서 박테리오파지(bacteriophage)의 오염과 증식을 방지하기 위해 우유 이외의 특별한 성장 배지가 사용되기도 한다. 최근에는 벌크 스타터 또는 제품에 직접 접종하는 초농축 컬처(super concentrated culture)를 보편적으로 이용한다.

우리나라의 경우에도 대형 유가공업체를 제외한 대부분의 목장형 유가공공장에서는 제품에 직접 투입하는 형태의 동결건조 DVS(direct vat set) 또는 DVI(direct vat inoculation) 컬처를 전문업체로부터 공급받아 사용하고 있다. 사용량은 공급 업체별로 조금씩 다르며, 필자가 사용하고 있는 SACCO 제품의 경우, 5UC(1팩)로 요구르트 제조용 우유 100리터를 처리할 수가 있다.

표 5-7. 스타터의 전통적인 증식 단계

구 분	내 용
Commercial culture	ㅇ 일명 master 또는 seed culture ㅇ 실험실 등에서 순수 분리, 배양한 original culture (스타터 생산 전문 업체로부터 구입)
Mother culture	ㅇ Master culture를 가지고 매일 제조 ㅇ 유가공공장에서 모든 컬처의 기본이 됨.
Intermediate culture	ㅇ 벌크 스타터 전 단계의 컬처(중간 증식용)
Bulk starter	ㅇ 생산 예정인 제품에 직접 투입하는 스타터

실제로는 현장 환경에 맞추어 우유 투입량, 배양 온도 및 배양 시간 등을 고려하여 스타터 첨가량을 설정하는 것이 일반적이다. 발효 유제품에는 여러 종류가 있고, 각각의 제품은 특성에 적합한 다른 유산균주를 사용하여 만든다. 낙농 스타터 컬처는 요구르트, 치즈, 버터 및 기타 발효유 제품을 포함한 다양한 유제품을 만드는 데 사용되는 유용한 미생물의 배양체로 볼 수가 있다. 스타터 컬처의 핵심 기능은 유산균 그룹의 발효에 의한 유산(lactic acid)을 생성하는 일이다.

그림 5-2. 복합균주 형태의 DVS 컬처(Italy, SACCO)

표 5-8. 시판 상업용 컬처의 형태

구 분	내 용
급속냉동, 초농축 컬처 (deep-frozen, super concentrated culture)	ㅇ 즉시 가용성화 되는 형태 ㅇ 제품에 직접 접종
동결건조, 초농축 컬처 (freeze-dried, super concentrated culture)	ㅇ 동결건조한 분말 형태(국내 유가공공장에서 대부분 사용, DVS type) ㅇ 제품에 직접 접종
급속냉동, 농축 컬처 (deep-frozen, concent culture)	ㅇ 벌크 스타터 증식용 컬처
동결건조, 농축 컬처 (freeze-dried, concentrated culture)	ㅇ 동결건조한 분말 형태 ㅇ 벌크 스타터 증식용 컬처
액상 컬처(liquid culture)	ㅇ 머더 컬처 증식용(요즘은 거의 사용 안함)

표 5-9. 요구르트용 스타터 컬처의 주요 기능과 역할

기 능	역 할
산 생성	겔 형성, 유청배출(syneresis), 보존성 향상, 풍미 생성
풍미성분 생성	acetaldehyde, diacetyl
생물적 보존효과 (biopreservation)	ㅇ pH 저하와 산화환원전위(redox potential) ㅇ 항생물질 생성(nisis), 유산 및 lactate / 초산 및 acetate 생성 ㅇ 다른 미생물과의 영양성분 경쟁에서 우세성
안정제 효과	조직과 점도 개선, 요구르트 제조시 탈지분유 등의 사용량 감소
유당 이용성 개선	ㅇ 유당불내증 완화 ㅇ 가스 및 이취 생성 가능성 완화
산화환원전위 감소	보존성 증가, 산미(acid flavor) 생성

2.4 감미료(sweeteners)

사실 설탕을 포함한 일반 감미료(당류)는 인류가 아주 오래 전부터 사용해 온 식품의 기본 원료로서, 현재에도 우리의 일반 식생활에서 빠질 수 없는 중요한 부분을 차지하고 있다. 사람은 선천적으로 단맛에 대한 선호도를 지니고 태어나며, 특히 유아의 경우 음료가 달콤할수록 더 많이 마시는 것으로 나타났다.

설탕은 먹는 것에 대하여 이미 인식되어진 단맛의 즐거움을 증가시키고, 만약 제품으로부터 설탕을 제거하는 것이 소비 저하를 통해 제품 판매에 부정적인 영향을 끼친다면 제조업체들은 긍정적이고 합리적인 해결책이 개발되지 않는 한 설탕 함량을 줄이는 데 투자할 동기를 찾기는 어려울 것이다. 더욱이 설탕 등의 감미료가 함유된 음료를 더 많이 소비하는 경향이 있는 소비자들은 단맛에 대한 친화력이 더 높으며, 이는 제조회사들로 하여금 소비자가 단맛을 통해 얻어지는 지복점(bliss point)에 도달할 때까지 제품에 더 많은 설탕을 첨가하도록 유도하는 결과를 낳게 된다.

단맛을 통하여 행복감을 느끼는 지복점은 소비자들이 특정 제품에 중독되어 과식하게 만드는 정확한 설탕의 함량으로 정의하기도 한다. 그러나 감미료의 과다 섭취는 고혈압(hypertension), 혈당이 정상 이상으로 높은 제2형 당뇨병(type 2 diabetes), 심혈관 질환(cardiovascular diseases) 및 충치(dental cavity) 같은 질환의 발병 위험성을 높인다는 우려가 오래 전부터 제기되어 왔다. 하루 설탕 소비량은 전 세계적으로 1인당 500 kcal에 가까운 반면, 세계보건기구(WHO, 2017)에서는 정상 체중의 성인 1인당 하루 설탕 섭취량을 약 25g 또는 96 kcal로 제한할 것을 권장하고 있다.

한편, 우리나라 역시 당류의 과다 섭취와 관련하여 안심할 수 있는 수준이 아니다. 2020년 개정된 한국인의 영양소 섭취 기준에서 총 당류 섭취량을 총에너지 섭취량의 10~20%로 제한하고, 또한 인위적으로 첨가된 당의 섭취는 전체의 10%를 넘지 않도록 권장하고 있다(1일 50g 이하로 유지). 그러나 2018년에 발표된 자료에 따르면 우리나라 국민의 하루 평균 당류 섭취량은 54~65g 범위인 것으로 나타났다.

당류의 과다 섭취에 따른 건강상의 많은 문제점이 제기되고 있음에도 불구하고 설탕은 식품에서 여러 가지 중요한 역할을 한다. 음식을 더 맛있게 만들 뿐만 아니라 부피 증가시키는 벌킹제(증량제, bulking agent), 점성 증가, 맛의 향상, 조직감 제공, 다양한 색상 부여, 보존제 역할 및 단백질의 응고를 억제하는 기능 등을 수행한다.

설탕은 여러 가지 식품에서 벌킹제로 작용을 한다. 설탕이 다른 소재로 대체되거나 함량이 감소될 경우에는 불용성 섬유소나 폴리덱스트로(polydextrose) 계통의 또 다른 벌킹제로 이를 대체해야 한다. 설탕을 다른 벌킹제로 대체할 때, 벌킹제가 또한 제품에 열량을 추가하는 경우에는 설탕을 제거한 원래의 목적을 달성할 수 없게 된다. 예를 들면 말토덱스트린(maltodextrin)은 가장 일반적인 설탕 대체재인 동시에 벌킹제이지만, 열량은 설탕과 동일한 4 kcal/g(난소화성 말토덱스트린은 2~2.5 kcal)이다.

설탕은 식품이나 음료의 수분활성도(Aw, water activity)를 낮추어 미생물, 곰팡이 등의 성장에 필요한 수분을 이용할 수 없게 만든다. 또한 설탕은 액체가 고체 또는

그림 5-3. 국내에서 사용 중인 감미료(스테비아)

표 5-10. 감미료 대체재의 분류 및 주요 특성

구 분	기 능	상대 감미도 (설탕=1 기준)	열량 (kcal/g)	비 고
아스파탐(aspartame)	고감미료 (high intensity)	130~200	4	합 성
아세설팜칼륨(acselfame-K)		130~200	0	
시클라메이트(cyclamate)		30~20	0	
네오탐(neotame)		7,000~13,000	0	
사카린(saccharine)		300~500	0	
수크랄로스(sucralose)		600~750	0	
스테비아(Stevia)	고감미료 (high intensity)	250~300	0	천 연
글리시리진(Glycyrrhizin)		30~50	0	
토마틴(Thaumatin)		2,000~3,000	4	
나한과추출물(La-hanguo)		400	0	
이눌린(inulin)	식이섬유	0.1	2	탄수화물계
난소화성 말토덱스트린 (indigestible maltodextrin)		0	2	
저항전분(resistant starch)		0	2	
폴리덱스트로스(polydextrose)		0	2	
프락토올리고당 (fructooligosaccharide)	올리고당	0.3~0.5	2.4	탄수화물계
이소말토올리고당 (isomaltooligosaccharide)		0.3	2.4	
환원 물엿(starch syrup)	저칼로리	0.1~0.2	2	당알코올 (sugar alcohols)
이소말트(isomalt)		0.4~0.6	2.4	
락티톨(lactitol)		0.4	2.4	
말티톨(maltitol)		0.8	2.4	
만니톨(mannitol)		0.5	2.4	
소르비톨(sorbitol)		0.5	2.4	
에리스리톨(erythritol)		0.6	0	
자일리톨(xylitol)		0.9	2.4	
폴리글리시톨시럽 (polyglycitol syrup)		0.3	2.4	
타가토스(tagatose)	칼로리 제로	0.9	0	희소당 (rare sugar)
알룰로스(allulose)		0.7	0	
펙틴(pectin)	증점제	0	2	정제 탄수화물
전분(starch)		0	4	
구아검(guar gum)		0	2	

반고체 상태로 변하는 것을 지연시키는 항응고제(anticoagulant)의 역할을 하는데, 예를 들면 커스터드(custard)와 같은 여러 종류의 디저트에서 단백질의 응고를 지연시킨다. 또한 설탕의 핵심적인 기능은 마이야르 반응(Maillard browning)과 캐러멜화(caramelization)를 통한 식품을 갈변화시키는 것이다. 마이야르 반응은 아미노산과 환원당 사이에서 가열과정에서 일어나는 화학반응이다.

이러한 반응의 결과 캐러멜 색상과 풍미, 빵의 갈변, 메이플 시럽, 연유 및 쿠키의 전형적인 색상을 나타내게 된다. 캐러멜화는 탄수화물이 질소화합물(단백질) 없이 가열할 때 발생하며, 감미, 견과류 맛 그리고 색상의 갈색화가 일어나게 된다. 마이야르 반응과 캐러멜화는 모두 비효소적 반응으로서 여러 가지 식품의 풍미와 외관에 중요한 역할을 한다. 프리바이오틱스 효과는 물론 칼로리 감량을 위한 설탕 대체 감미료로 프락토올리고당(oligofructose 또는 oligofructan)은 발효유 제조에 널리 사용되고 있다.

올리고당은 상대적으로 적은 수의 포도당이나 과당 같은 단당류가 결합된 탄수화물(약 3～10개 단위)이다. 수개 단위의 단당류로 구성된 올리고당은 주로 효소나 화학반응에 의한 가수분해, 중합 또는 이성화 공정을 통해 제조되지만 추출공정이 적용되기도 한다. 프락토올리고당은 설탕이나 이눌린을, 그리고 이소말토올리고당은 전분을 원료로 하여 만든다. 프락토올리고당은 설탕 분자 하나에 과당 분자 1～3개가 결합되어 있는 단쇄 올리고당이며, 감미도는 설탕 대비 30～50% 수준이다. 국내에서는 주로 원료 설탕을 효소처리를 하여 만드는데, 유럽(벨기에, 네덜란드)의 경우는 치커리로부터 이눌린을 추출하여 제조되고 있다.

몇 년 전부터 발효유에 설탕 대용으로 많이 사용하고 있는 천연 고감미료 중의 대표적인 것이 스테비아(Stevia)이다. 우리가 통상 부르는 스테비아는 스테비올 배당체(steviol glycoside)를 생산하는 식물체를 의미한다. 스테비아 속명은 스페인의 식물학자이자 의사였던 발렌시아 대학의 식물학 교수인 "Pedro Jaime Esteve"의 이름을 따서 명명되었다. 허브식물인 스테비아는 남미의 파라과이와 브라질에서 자생하는 스테비아 속(Stevia rebaudiana)의 잎에서 추출한 천연의 고감미료이다. 이 물질의 활성성분은 스테비올 배당체로서 감미의 주요 성분은 스테비오사이드(stevioside)와 레바우디오사이드(rebaudioside A, C, D, E) 그리고 미량의 둘코사이드(ducolcoside) A이다(설탕 감미의 50～300배).

스테비아 잎에는 감미 성분인 스테비오사이드가 6～7% 함유되어 있으나 개체 간에 차이가 있으며, 설탕과 가장 유사한 감미를 지닌 것은 레바우디오사이드로 알려져 있다. 레바우디오사이드 A를 제외한 다른 스테비올 배당체들은 고유의 쓴맛을 지니고 있는데, 이의 개선책으로 1970년대부터는 당 전이효소(glycosyltransferase)를 통한 스테비오사이드에 포도당을 결합시킨 효소처리 스테비아가 개발되었다. 효소처리 스테비아는 설탕 대비 약 200배, 레바우디오사이드 A는 약 480배의 감미도를 지닌다.

2.5 안정제(stabilizers)

요구르트의 전반적인 조직 특성은 소비자의 선호도 측면에서 맛(taste)과 풍미(flavor) 만큼이나 중요한 품질 특성이다. 그러나 요구르트 생산에 사용되는 주요 원료인 우유의 특성상 생산 공정 및 저장 조건 또는 판매처까지의 장거리 수송 등의 영향으로 인해 제품의 조직 결함으로 이어질 수가 있다.

이러한 품질 결함을 방지하고 바람직한 조직 특성을 유기하기 위한 방안으로 여러 가지 안정제가 요구르트 생산에 사용되고 있다. 증점제(thickeners), 응고 겔화제(gelling agents) 또는 친수성 콜로이드(hydrocolloids)로 부르기도 하는 안정제는 동물의 결합조직, 해초류, 식물체 및 미생물을 포함한 다양한 소재로부터 얻어진다.

액상 유제품이 가공과 유통과정의 변화를 견딜 수 있도록 적절히 제조되지 않을 경우, 발생할 수 있는 시각적으로 판단하는 안정성 결함 중의 대부분은 유청분리(syncresis), 침전(sedimentation) 및 분리(separation) 현상 등이다. 이처럼 안정제는 바람직하지 않은 외관 형성이나 입안의 느낌으로 식별되는 제품의 품질 저하를 방지하는 효과가 있다. 이들 안정제는 물과 결합을 통해 유제품 본래의 물성을 유지하거나 안성화 시킨다. 제품과 이의 구성 성분에 따라서 수분함량의 조절을 조절하는 것이 바람직하지 않은 방향으로 진행되는 성분간의 상호 작용을 막을 수 있다.

다른 예로 안정제는 첨가물들을 용액 상태로 유지시켜 준다. 이는 초콜릿 우유에 코코아 입자를 균일하게 분산시키는 것뿐만 아니라 층을 이룬 요구르트 흰색의 덩어리 사이로 과일 잼 등의 색상이 섞이는 것을 방지한다. 친수성 콜로이드는 기능성과 장기적인 효능 면에서 다양하고, 이들은 물에 분산되어 농후화(thickening) 된다. 농후화 정도는 친수성 콜로이드 종류, 농도, 식품의 기본 성분(매트릭스, matrix), pH 및 온도 등에 따라 달라진다. 대부분의 친수성 콜로이드는 또한 겔을 형성한다. 즉 수분의 유동성을 저지시키는 단단한 구조를 형성하는데, 이는 내부에 수분을 머물게 하는 3차원 구조(3-dimensional network)인 중합체 사슬의 교차결합(가교, cross-linking)을 포함하고 있다.

안정제는 식품 매트릭스 공간에서 수분의 유동성을 감소시키기 위해 수분을 결합함으로써 유청분리(syneresis)에 대한 저항성을 높이고, 입안에서 부드러운 식감을 부여한다. 이러한 이유로 안정제는 조직 특성을 조절하고 유청분리를 줄이기 위해 배양 제품에 일반적으로 널리 사용되고 있다. 그리고 식품 매트릭스의 단백질과 상호작용할 수 있고, 따라서 수화작용(hydration)을 더욱 증가시키게 된다. 요구르트 제품의 저장 및 유통 중에 발생하는 유청분리(whey syneresis) 현상은 일상적인 품질 결함이며, 따라서 이를 관리해야 할 필요가 있다. 제품으로부터의 유청배출(whey-off)은 발효 공정의 불안정을 의미하며, 이취 발생(off-flavors)을 수반한다.

이러한 결함의 주된 원인으로는 높은 배양온도, 카제인 대비 과도한 유청단백질 비율, 낮은 고형분 함량(균질우유의 경우 지방, 단백질 함량) 그리고 제품 저장 및 운송 과정의 과도한 물리적 충격 등을 들 수가 있다. 또한 풍미물질(과일 시럽, 잼 등)의 종류와 첨가량, 저장기간 역시 유청분리에 영향을 미친다.

가장 널리 사용되는 안정제는 젤라틴(gelatin)과 전분이다. 변형된 식품 전분을 사용하는 경우 크림상 조직을 형성하는 데 도움이 되지만, 안정제의 종류는 제품의 가공조건(전단력, 가열, 압력 및 pH)에 기초하여 선택해야 한다. 발효 유제품에 안정제의 사용 수준은 보통 검류(gum) 0.1~0.4%, 변성전분(modified starch) 0.8% 이하, 그리고 일반 전분은 최대 2%이다. 카제인 나트륨(sodium caseinate)은 산성화시킨 카제인 커드에 수산화나트륨을 첨가, 중화 후 건조시켜 만든 가용성 단백질이다.

요구르트 제조에 자주 사용되는 젤라틴은 동물의 피부나 뼈로부터 추출, 정제한 천연 단백질이며, 사용량은 약 0.6% 수준이다. 동물의 연결조직(collagen)으로부터 산 가수분해 후 열수 추출하여 생산하고, 친수성 콜로이드 또는 수용성 폴리머의 일종이다.

그림 5-4. 요구르트의 전형적인 유청분리 현상

최근에는 저분자 피쉬 콜라겐 음료와 저분자 생선 콜라겐 요구르트 맛 등의 제품이, 그리고 수입산 생선 콜라겐 제품 등이 건강기능 유지와 관련하여 소비자들의 관심을 끌고 있다. 콜라겐(collagen)은 포유동물 체단백질의 약 30% 이상을 차지하고 있으며 특히 근육, 연골, 뼈, 피부, 혈관벽 및 치아 등에 주로 분포하며, 진피조직에서는 건조 중량의 90% 이상이 콜라겐 단백질이다.

이는 체내에서 생성되는 가장 중요한 단백질이며, 3개의 α-체인으로 형성된 삼중나선(triple helix) 구조를 취하고 있으며, 주요 아미노산 구성 성분은 글리신(33%, glycine), 프롤린(proline)과 히드록시프롤린(22%, hydroxyproline)이다. 현재까지 콜라겐은 약 28종이 분류되었으며, 우리가 일반적으로 알고 있는 것은 피부, 뼈, 치아, 힘줄 또는 건, 인대 및 혈관결찰(vascular ligature) 등에 분포하는 콜라겐 Type I 이다. Type II는 주로 연골(cartilage) 조직에 함유되어 있는 콜라겐 이다.

삼중나선 구조의 분자량 약 290 kDa의 천연 콜라겐은 변성(denaturation)을 통하여 무작위적 코일 형태 구조인 3개의 α-사슬을 생성한다. 변성은 40℃ 이상의 열처리를 통하여 이루어진다. 일단 사슬이 분리되면 단백질 분해효소(alcalase, papain, pepsin)의 작용에 의해 가수분해 과정을 거친다. 가수분해 결과 생성물을 우리는 일반적으로 가수분해 콜라겐(HC, hydrolyzed collagen)이라 부른다. 가수분해 콜라겐은 분자량 약 3～6 kDa의 저분자 펩타이드로 구성되어 있어 소화 및 흡수가 용이하다. 치즈 유청을 이용한 유청 발효음료 등에는 약 1～1.35% 수준으로 사용한다.

카라기난(carrageenan)은 붉은 해초류(Rhodophyceae)에서 추출하며, 1,4-linked α-D-galactose와 1,3-linked-β-D-galactose가 반복 되는 서열로 연결된 선형 갈락탄(galactan)의 골격을 지닌 다당류이다. 카라기난은 서로 다른 위치에 다양한 비율로 결합되어 있는 황산염 그룹을 포함하고 있다.

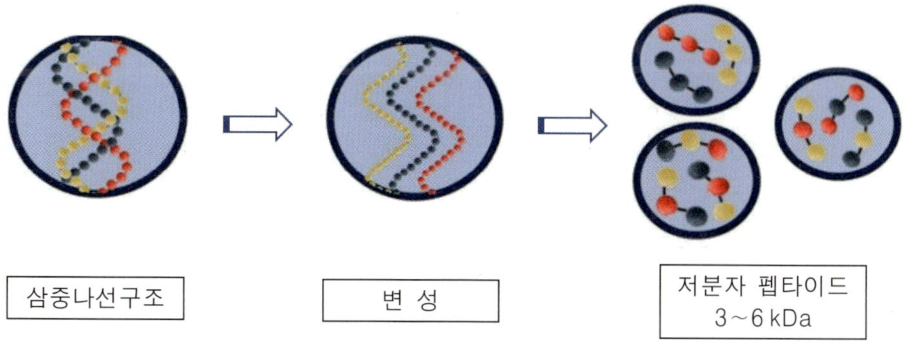

그림 5-5. 열처리 및 가수분해에 의한 천연 콜라겐의 저분자 펩타이드 생성과정

황산염 그룹의 결합 위치와 정도의 차이 그리고 용해도와 겔 형성 성질에 따라 아이오타(ι , iota), 카파(κ , kappa), 람다(λ , lambda)-카라기난으로 분류한다. 특히 카파(κ)-카라기난은 요구르트에 있어 카제인과 매우 안정적인 구조를 형성하여, 수분 결합능력을 증진시켜 유청분리 현상을 방지한다.

구아검(guar gum)은 구아(Leguminosae, Cyamopsis tetragonolobus) 종자의 배유에서 얻은 것으로, 주요 성분은 만노즈(mannose)와 갈락토스(galactose)이다. 주로 결합제, 유화안정제, 점도증가제(수성) 및 착향제 등의 용도로 사용된다. 구아검은 수화능력과 수분 결합능이 우수하여 식품산업에서 증점제 및 안정제로 널리 사용되고 있으며, 사용량은 식품 중량 대비 1% 이하를 권장하고 있다(0.1～0.4%).

잔탄검(Xanthan gum)은 미생물인 *Xanthomonas campestris* 가 포도당을 산화하여 생성하는 검류인 세포밖다당류로서, 주 골격은 선형의 (1-4)-β-D-glucose이다. 잔탄검을 요구르트에 사용하는 경우 제품의 조직과 굳기(firmness)의 개선은 물론 유청분리 현상을 방지하는 효과가 우수한 것으로 나타났다. 전유와 탈지유로 요구르트를 만들 때 조직 개선과 유청분리 방지를 위한 사용량은 0.01% 수준이다.

로커스트콩검(locust bean gum, 이하 LGB)은 캐롭 나무(Carob tree, *Ceratonia siliqua*) 열매 씨의 배아(endosperm)에서 추출한 검류로 일명 캐롭 검으로도 알려져 있다. 고분자량의 중합체로 중성 다당류이며, 주요 성분은 만노스와 갈락토스가 4 : 1의 비율로 구성된 갈락토만난(galactomannan)이다. 찬물에는 녹지 않으나 60℃ 이상으로 가열하면 투명하게 녹는다. 주로 증점제, 연질 치즈, 빵, 소시지 및 아이스크림 제조 시에 안정제로 사용된다. LGB는 다른 안정제와 상승효과를 나타내어 혈장 분리를 감소시키는 반면에 점도는 증가시키는 것으로 알려져 있다. 요구르트 제조 시에는 0.01～0.02% 수준으로 사용된다.

제6장

요구르트 제조 공정별 특성

1. 요구르트 일반 제조공정

요구르트의 제조공정은 치즈나 조제분유 같은 다른 유제품 제조공정에 비하여 비교적 간단하다. 이미 언급한 바와 같이 요구르트 제조는 젖을 생산하는 포유동물로부터의 착유(milking)를 시작으로 집유, 수유, 냉각 및 저장 그리고 몇 가지 주요 생산공정과 완제품의 포장, 저장 단계를 포함하고 있다.

주요 제조공정에는 원료유의 표준화(지방, 단백질 함량), 주원료인 우유와 감미료, 안정제 등 혼합물의 균질, 유해 미생물의 사멸을 위한 살균(열처리), 스타터 첨가에 의한 배양, 배양액의 냉각 등이 포함된다.

그림 6-1. 요구르트의 일반 제조 공정도

앞장에서 일부 언급한 바와 같이 일반 요구르트의 공통적인 제조공정은 발효 믹스의 균질, 살균, 배양온도로 냉각 같은 물리적 조작, 배양(발효)공정, 그리고 배양액의 냉각 및 후처리(과일 농축액 첨가 등) 같은 3가지 주요 단계를 거치게 된다.

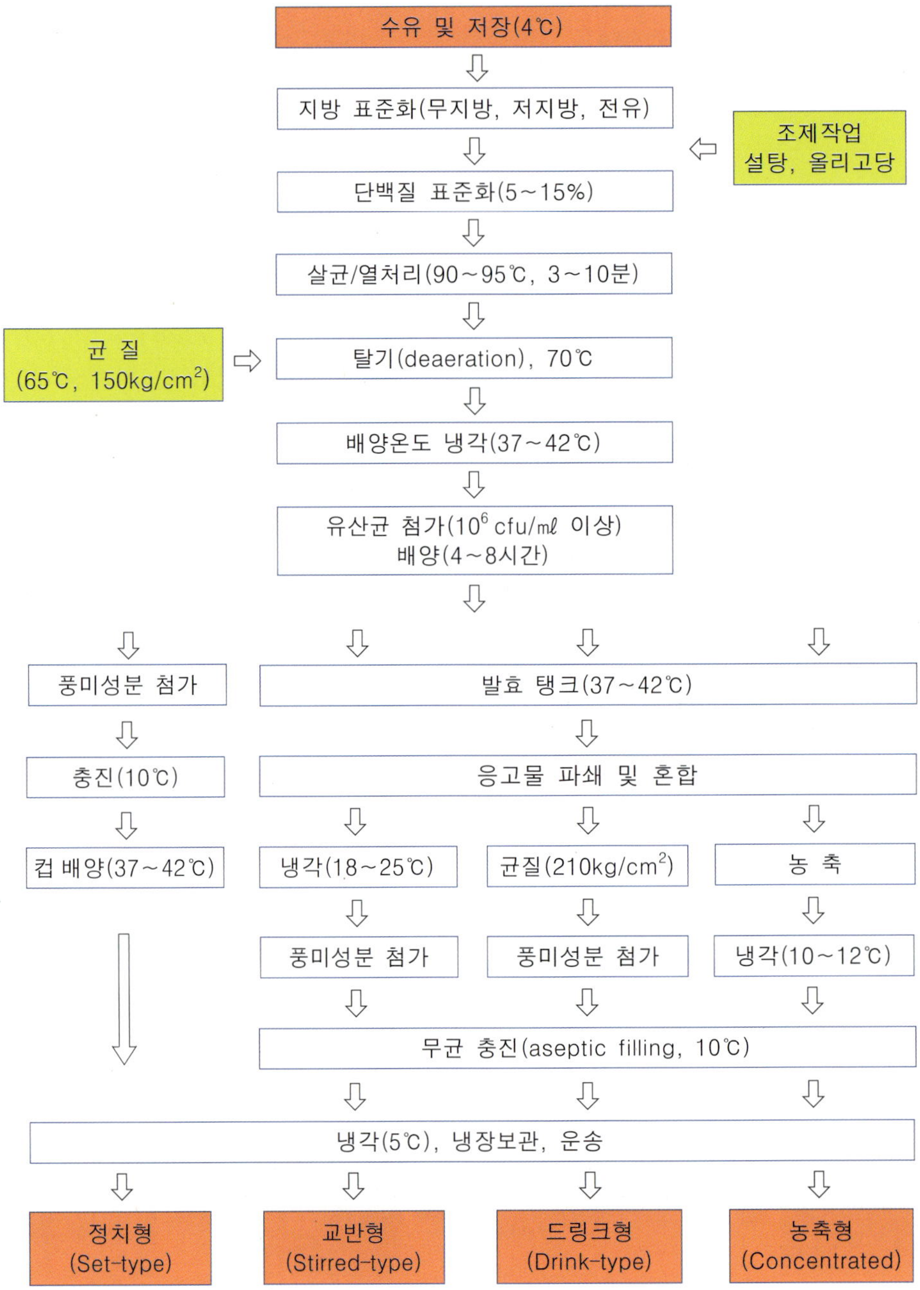

그림 6-2. 정치, 교반, 드링크 및 농축형 요구르트의 제조공정

어떤 제조공정을 선택하느냐에 따라 최소한 4가지 유형의 요구르트를 만들 수 있으며, 공정의 각 단계가 요구르트의 최종 품질에 영향을 미친다. 정치형 요구르트(set-type yogurt)를 제외한 나머지 제품들은 발효가 종료된 후에 과일 잼, 과일 농축액 및 풍미 성분 등을 첨가하여 포장작업이 이루어진다는 점이다.

한편 strained-, concentrated- 또는 thick-yogurt로 알려진 그릭 요구르트(Greek-style yogurt)는 요구르트 배양액에서 상당 부분의 유청을 제거한 반고체형 발효유이다. 그릭 요구르트에 대한 일반적인 내용은 다음 장에 자세히 설명되어 있다.

2. 요구르트 공정별 주요 특성

2.1 수유 및 여과

지정된 목장을 순회하면서 탱크로리(tank lorry)가 집유한 원유(raw milk)는 곧장 집유장 또는 유가공공장으로 운반된다. 수유를 하기 전 탱크로리에 들어 있는 원유는 알코올, 비중, 빙점(-0.54~-0.59℃) 검사, 잔류 항생물질 검사, 지방, 단백질, 유당 등의 성분검사 그리고 세균수 및 체세포수 검사 등을 실시한다.

검사에 합격된 원유에 한하여 수유작업(milk reception)이 시작된다. 일반 유가공 공장에서의 수유작업은 필터(바스켓 필터)를 통한 여과, 판형열교환기(냉각기)에 의한 냉각 그리고 원유 탱크 또는 원유 사일로 저장 순으로 진행이 된다.

우리나라는 약 20년 전부터 소규모 목장형 유가공(farmstead dairy processing) 사업의 창업이 시작되었다. 목장형 유가공이란 제조업자가 직접 소유하면서 사육하는 젖소 목장에서 착유한 우유를 이용하여 주로 수작업을 통하여 만든 요구르트나 치즈를 만들어 판매하는 것을 의미한다. 이때 요구르트나 치즈를 만드는 원료유를 외부의 다른 목장으로부터 반입하여 사용하면 안 되는 대신에 자체적으로 생산한 원유의 품질관리(물리, 화학, 미생물 및 생물학적)에 주의를 기울여야 하는 과제를 안고 있다.

그림 6-3. 유가공공장 원유의 수유 및 저장공정

이처럼 소규모(원유 300~500 kg/일)의 목장형 유가공공장에서는 자동화된 여과, 냉각시스템 대신에 조립식 라인필터 또는 간단한 여과 기구로 원유를 여과한 다음 요구르트 제품 생산에 사용하고 있다.

목장에서 착유한 원유는 착유과정에서 먼지, 가축의 털, 사료물질 및 기타 티끌 등이 혼입될 수 있다. 따라서 수유과정에서 여과포, 미세한 스테인리스 스틸망 등을 이용하여 이물질을 제거하는 것을 청정(clarification)이라 한다. 필자가 근무 중인 유가공공장에서도 스테인리스 스틸로 제작된 라인필터를 탱크로리와 연결된 수유 호스에 장착한 후 여과공정을 거친 원유를 사용하고 있다.

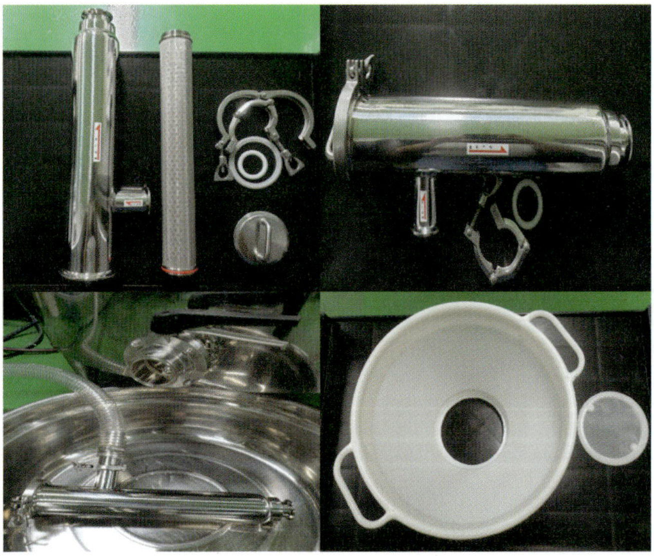

그림 6-4. 목장형 유가공공장에서 사용하는 여과장치

그림 6-5. 라인필터를 통한 원유 여과공정

2.2 원료 우유의 표준화(milk standardization)

발효용 믹스의 제조는 먼저 지방과 단백질 함량을 표준화시키고, 필요시에는 감미료와 안정제 등을 첨가한다. 지방의 표준화는 55℃에서 원심분리를 통하여 지방을 분리한 다음 무지방(0.01%), 저지방(1～2%) 및 전유(3.2% 이상) 등과 같이 원하는 지방함량으로 재조정한다.

단백질의 표준화는 요구르트 조직 특성인 경도(firmness)의 개선과 수분 또는 유청분리(syneresis)를 감소시킬 목적으로 원래 우유의 단백질 함량 3% 수준을 5～15% 범위까지 증가시키는 것이다. 단백질 보강의 쉽고도 전통적인 방법은 분말 형태의 제품을 첨가하는 것이다. 이들 대체재로서는 탈지분유(35% 단백질), 카제인 나트륨(95% 단백질, sodium caseinate) 및 농축유청단백질 분말(75～80% 단백질, WPC) 또는 분리유청단백질 분말(90% 단백질, WPI) 등이 주로 사용되고 있다.

분말류의 첨가 및 혼합 공정에는 공기의 혼입이 최소화 되도록 한다. 한외여과(UF, ultrafiltration)나 역삼투(RO, reverse osmosis) 같은 막여과 공정 역시 믹스 내의 단백질 함량을 증가시키기 위한 선택적인 방법이다. 그리고 요구르트 제조에는 강한 산미와의 조화를 위해서 설탕, 프리바이틱스 올리고당 및 기능성당 등의 감미료를 첨가한다. 또한 젤라틴(gelatin), 펙틴(pectin), 잔탄검(xanthan gum), 카라기난(carrageenan) 및 전분(starch) 같은 증점제(thickner)나 안정제(stabilizer)를 0.1～1.0% 범위 내에서 사용하기도 한다.

전 세계적으로 시판되는 요구르트 제품의 총고형분(total solids) 함량은 14～15% 수준이고, 무지유고형분(SNF, solids-non-fat)은 최소 8.2～8.6% 유지할 것을 규정하고 있다. 그리고 국제식품규격위원회(CODEX)에서는 단백질 함량은 최소 2.7%(농축요구르트 5.6%) 그리고 지방함량은 최대 15%로, 우리나라 역시 축산물의 가공기준 및 성분규격에 무지유고형분 함량은 발효유 3.0% 이상, 농후발효유는 8.0% 이상으로 규정하고 있다.

2.3 믹스 균질(mix homogenization)

우유는 기름방울 역할을 하는 유지방구와 유화제로서 작용을 하는 유지방구막으로 구성되어 우유 내의 수분 속에 지방(기름)이 분산되어 있는(o/w, oil in water) 유탁액의 한 형태이다. 균질(homogenization)은 우유 내의 지방구(1～10㎛)를 2㎛ 이하의 작은 크기로 균일하게 분쇄하는 공정이다. 즉 지방구 부상에 의한 크림층 형성을 방지하고, 우유를 마신 후 소화 및 흡수율을 향상시키는 데 그 목적이 있다.

균질을 하지 않은 상태에서 우유를 정치(settle)시키게 되면 비중이 가벼운 지방구가 부상하여 크림층을 형성하게 된다. 따라서 균질은 약 55～60℃ 전후의 온도에서 매우 높은 기계적 압력(100～150 kg/cm^2, 2단 균질) 하에 우유를 작은 틈(gap 또는 orifice)으로 통과시키게 되면 순간적으로 지방구의 크기가 감소하고, 작은 지방구의 수와 표면적은 증가하게 되는 결과를 낳는다. 균질 결과 분쇄된 작은 지방구에는 중력이 작용하지 않아 우유 표면으로 지방이 부상하지 않게 된다.

요구르트 제조에 있어 균질은 첨가 원료의 균일한 혼합 및 분산, 발효공정 또는 제품 저장 중의 지방(크림) 분리 방지, 유청분리 현상 감소 그리고 제품 조직의 밀도 증진 등의 효과가 있다. 균질은 또한 카제인과 유청단백질이 지방구와 새로운 표면층을 형성하는데, 이는 요구르트에서 구조적인 네트워크를 형성할 가능성을 증가시킨다. 균질된 유지방구는 지방 표면에 단백질이 분포하기 때문에 단백질 입자처럼 작용하게 된다. 우유처럼 수분 속에 지방(기름)이 분산되어 있는(o/w) 유탁액의 기름방울 직경은 1㎛(10^{-6}m) 이하이며, 균질 공정과 관련한 이론은 2가지이다.

첫째는 격렬한 소용돌이(eddy 또는 micro whirl)에 의한 지방구의 파괴 이론은 무수히 많은 미세 소용돌이는 매우 빠른 속도로 이동하는 액체 속에서 만들어진다는 사실에 기초하고 있다. 액체의 이동 속도가 빠를수록 보다 미세한 소용돌이를 형성하게 된다. 만약 소용돌이가 기름방울과 부딪히게 되면 그 방울은 더 작은 크기로 쪼개질 것이다. 이러한 이론을 근거로 균질 효과가 균질 압력에 따라 어떻게 변화하는지를 예측할 수가 있다.

두 번째의 공동화 이론(cavitation theory)에 따르면 빠른 유속의 거품들이 붕괴할 때 발생하는 충격파가 기름방울을 더 작은 입자로 파괴한다는 것이다. 균질은 액체가 작은 틈을 떠날 때 일어나기 때문에 공동화 형성을 제어하는 데 중요한 배압(back pressure)이 균질 효과를 결정하게 된다. 요구르트의 연속 생산에서 균질 공정은 단위조작으로 이루어지는 것이 아니라 살균기와 연계된 연속공정으로 이루어진다. 즉 투입된 원유는 지방 분리를 거쳐 표준화된 우유는 열교환기를 통과하면서 55～70℃ 전후로 예열된다. 이어서 우유와 다른 첨가 원료(탈지분유, 감미료, 안정제)의 투입·용해 공정을 거친 믹스는 다음의 균질 공정으로 이송이 된다.

2.4 살균 또는 열처리(pasteurization 또는 heat treatment)

우유의 살균(열처리)은 우유 그 자체 또는 다른 유제품에 있어 미생물학적인 안전성을 보장하고, 유제품 제조를 위한 후속 공정을 용이하게 만드는 특정 우유 성분을 변성시키는 데 그 목적이 있다. 즉 우유 살균은 소비자의 건강을 위하여 우유에 함유되어 있는 병원성 미생물의 수치를 안전한 한계까지 감소시키는 것이다.

저온살균(low pasteurization)은 우유를 63~65℃, 20분 또는 72~75℃, 15~20초(HTST, high temperature short time)간 열처리하는 살균법이다. 저온살균 공정에서 대부분의 병원균, 생식세포, 효모 및 곰팡이 등은 사멸한다.

유 형	판형 살균기 / 균질기
Capa.	6,000 L/hr.
작동 조건	최대 135℃/3~300초 균질 압력 최대 200 bar
생산 품목	시유, 가공유, 발효유

그림 6-6. 실제 생산 현장의 판형 살균기(PHE)와 균질기 배치도

표 6-1. 열처리 조건이 요구르트 품질에 미치는 영향

열처리	조 건	효 과
간이살균 (thermisation)	60~69℃, 20~30초 또는 63~65℃, 15~16초	현저한 효과 없음
저온살균 (low pasteurization)	63~65℃, 20분 또는 72~75℃, 15~20초(HTST)	점도와 경도 약간 증가
고온살균 (high pasteurization)	85℃, 20~30분 또는 90~95℃, 5분	점도와 경도 높은 증가
멸균(sterilization)	110℃, 30분 또는 130℃, 40초 또는 100~130℃, 4~16초	유청단백질과 카제인의 상호작용 점도와 경도의 매우 높은 증가
초고온처리 (ultra heat treatment)	140℃, 4~16초 또는 145℃, 1~2초(UHT)	점도와 경도의 중간 수준 증가

또한 우유의 풍미는 거의 변하지 않는 반면에 일부 효소들은 비활성화 된다. 그리고 혈청 단백질은 거의 또는 전혀 변성되지 않으며, 한랭 응집(cold agglutination)과 제균작용(bacteriostatic) 같은 특성은 사실상 손상되지 않은 채로 남아 있게 된다.

고온살균(high pasteurization)은 85℃, 20∼30분 또는 90∼95℃, 5분간의 열처리를 필요로 한다. 고온살균 과정에서 포자(spores)를 제외한 대부분의 생식세포 사멸, 대부분의 효소 불활성화(proteinase, plasmin, lipase 등은 제외), 대부분의 유청단백질 변성 그리고 케톤(ketone) 생성에 의한 분명한 가열취(cooked flavor) 발생 등의 비가역적 변화(irreversible change)가 일어난다.

멸균(sterilization)은 미생물 포자를 비롯한 우유 내에 함유되어 있는 모든 미생물을 사멸시킬 수 있는 110℃, 30분 또는 130℃, 40초간의 열처리를 실시한다. 또한 우유의 멸균처리는 대부분의 우유 효소(일부 미생물 lipase는 제외) 불활성화, 갈변화(Maillard reaction)에 따른 어두운 색으로 우유 색상의 변화, 대부분의 휘발성분 증발에 의한 우유의 풍미 약화, 카제인의 일부와 모든 우유 단백질 변성 등의 결과를 초래한다.

초고온살균(UHT, ultra high temperature)은 멸균처리와 동일한 수준의 미생물 사멸, 풍미 악화와 유청단백질(β-lactoglobulin, serum albumin, 일부 immmunoglobulin) 변성의 최소화를 목적으로 145℃, 1∼2초간 실시한다. 한편 소규모의 회분식(batch type) 요구르트 생산 공정에서의 살균은 일반적으로 85℃, 30분 또는 90℃, 5∼15분간의 열처리를 실시한다.

발효를 위해 준비한 믹스의 살균 또는 열처리는 요구르트 제조에 있어 가장 필수적인 공정이다. 이는 우유에 존재하는 병원성 미생물의 사멸, 효소 락토페록시다제(lactoperoxidase)의 불활성화 및 우유내 유용 성분의 생성 촉진에 그 목적이 있다. 동시에 열처리는 유청단백질(whey protein)의 변성(denaturation)과 카제인 간의 상호작용을 통하여 겔의 수분분리(gel syneresis) 현상을 감소시키고, 젤의 경도를 증가시켜 최종적으로 요구르트의 전반적인 조직 특성을 개선시키는 효과가 있다.

대규모 공장 단위의 요구르트 생산시 요구르트 믹스는 일반적으로 배양온도로 냉각되기 전에 90∼95℃에서 3∼10분 또는 90℃, 5∼15분간의 열처리 공정을 거치게 된다. 살균온도가 유지되는 설비(holding zone)가 장착된 판형 열교환기(plate heat exchanger)가 사용되며, 열처리가 끝난 믹스는 약 37∼42℃의 배양온도로 냉각이 된다. 요구르트 품질에 영향을 미치는 균질 공정은 젤의 경도 증가와 수분분리 현상을 감소시킨다. 즉 균질은 지방구의 크기를 평균 약 2㎛로 균일하게 만들고, 지방과 친수성 단백질(hydrophilic protein) 간의 결합력을 증진시킨다.

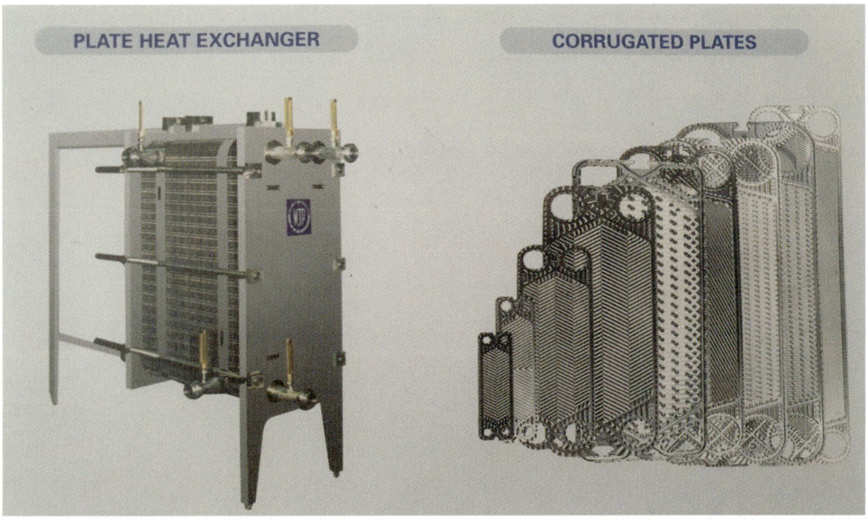

그림 6-7. 조립 완료한 판형 열교환기(PHE)와 다양한 형태의 내부 조립용 파형판(corrugated plate)

믹스의 균질은 55~60℃ 또는 약 70℃ 온도에서 150 kg/cm^{2}의 고압으로 이루어진다. 그리고 산업화된 요구르트 생산시 적용되는 진공 탈기(vacuum deaeration) 공정은 믹스 내의 산소 함량을 감소시켜 결과적으로 배양시간의 단축, 조직 개선 및 이취(off-flavors) 제거 등의 효과가 있다(균질 공정 전에 실시).

여기서 살균에 대한 기본 개념을 다시 살펴보면, 보통 100℃ 이하의 온도에서 수십 분 가열하는 방식으로, 약 60℃에서 30분 또는 63~65℃, 20분 가열하는 것을 저온살균법(LTLT)이라 한다.

19세기 프랑스에서는 숙성과정에서 와인의 부패로 인해 균일한 품질의 와인을 확보하는 데 애를 먹고 있었다. 당시 황제 나폴레옹 3세는 화학분야에 조예가 깊었던 화학자이며 미생물학자 이었던 파스퇴르(Louis Pasteur)에게 이의 해결 방안을 주문하였다. 이에 파스퇴르는 1862년 2월 포도주의 부패는 특정한 발효가 원인이라는 점에 착안하여 와인을 55~60℃에서 가열함으로써 고유의 향을 유지하는 동시에 오염미생물의 번식을 방지하는 방법을 발견하게 되었다. 이것이 바로 저온살균법으로, 그의 이름을 따서 오늘날에도 "파스퇴라이제이션(pasteurization)"이라 부르고 있다.

고온살균(이하 HTST)은 열교환기(heat exchanger)를 사용한 연속적인 살균 시스템이며, 각각의 플레이트 단면은 보다 강한 난류 형성과 효율적인 열전달을 위해 다양한 형태의 파상형(corrugation)으로 설계된다. 이를 통상 파형판 또는 플레이트(plate)라 부른다.

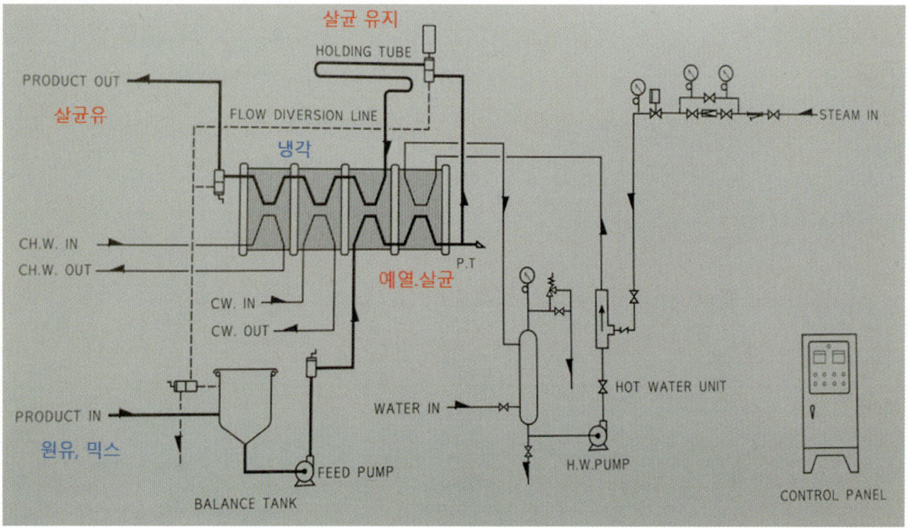

그림 6-8. 전형적인 HTST 살균기의 흐름도
(온도 변화 : 4℃ - 45℃ - 75℃ - 90℃ - 35℃ - 4℃)

일반적으로 완전 조립된 HTST 설비는 터미널 프레임(terminal frame)을 사이에 두고 열교환부(generative heating), 가열부(heating) 및 냉각부(cooling)로 구성되어 있다. 연속식 요구르트 살균 공정은 4℃ 원유 투입 → 예열(55～70℃) → 믹스 조제 → 균질 → 살균(90℃, 3～5분) → 배양온도 냉각(38～43℃)으로 진행이 된다.

한편, 요구르트 생산을 위한 목장형 유가공공장에서 사용하는 소용량(300～500kg)의 회분식(batch type) 탱크는 자체 설치된 스팀 보일러, 냉각수(chilled water) 등의 유틸리티 설비를 이용하여 살균, 냉각을 실시한다.

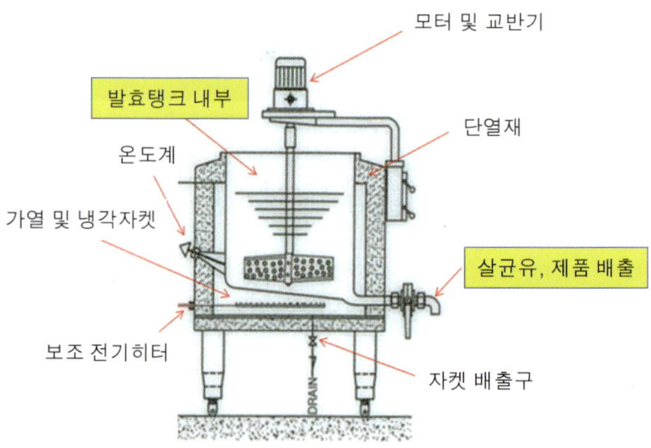

그림 6-9. 소용량(300～500㎏) 발효탱크의 외형 및 내부 단면도

그림 6-10. 보일러와 냉각수 제조용 칠러(chiller)의 내부

여과공정을 거친 4℃의 원유가 탱크 내부로 유입되면 스팀 밸브를 열어 원하는 살균 온도(90℃)에 도달하면 5~10분간 정치시킨다. 이어서 스팀 밸브를 잠그고 냉각수 밸브를 열어 38~43℃의 배양온도까지 냉각을 시킨다. 발효가 종료되면 다시 냉각수 밸브를 열어 제품을 20℃ 이하로 신속하게 냉각한다.

2.5 발효공정(fermentation process)

발효공정은 요구르트 제조에 있어 가장 중요한 단계이다. 이 과정에서 요구르트 커드(curd)가 형성되며, 전형적인 조직 특성과 요구르트 특유의 풍미가 생성된다. 발효공정의 핵심은 생화학적 반응을 통해 요구르트 커드의 형성과 풍미 성분 생성을 유도하는 스타터 컬처이다. 일반적으로 유가공 공장에서는 2종의 농축 균주로 구성된 스타터(starter)를 믹스에 접종(inoculation)하여 배양공정을 시작한다(*S. thermophilus*, *L. delbrueckii* subsp. *bulgaricus*).

상업적으로 시판되고 있는 스타터는 순수하게 선발하여 매우 잘 정제된 특이성 균주 몇 종을 혼합한 것으로, 농도는 약 1.0×10^{10} cfu/mℓ 이상이며(cfu, colony forming units), 냉동(frozen) 또는 동결건조(freeze-dried) 형태로 보존한다. 스타터가 접종된 믹스는 $1.0\times10^{6}\sim10^{7}$ cfu/mℓ 범위의 유산균 농도를 유지하며, 동결건조 유산균주의 사용이 일반화되기 전의 교반형 요구르트에서 계대배양 벌크 스타터를 사용하는 경우 유산균 수는 $8.0\times10^{8}\sim1.0\times10^{9}$ cfu/mℓ 수준을 유지하였다.

우유의 유산 발효 중에 여러 변수들이 발효시간의 경과와 함께 다양한 변화를 겪는다. 먼저 *S. thermophilus*의 성장이 시작되고, 이어서 *L. delbrueckii* subsp. *bulgaricus*의 최종 농도가 1.0×10^{9} cfu/mℓ에 이르게 된다.

유당과 질소화합물을 소비하면서 유산균이 성장하고, 동시에 여러 가지 유용한 대사물질들이 축적된다. 유산, 갈락토오스, 아세트알데히드 및 세포밖다당류 등이 주요 성분이며, 이들은 요구르트의 풍미와 조직 특성에 영향을 미친다. 세포내 유산의 합성으로 인해 믹스의 산성화가 촉진되며, 연속적으로 pH의 저하, 단백질의 응고 등을 통하여 요구르트 특유의 겔이 형성된다. 특히 아세트알데히드는 요구르트의 향미에 그리고 세포밖다당류는 조직 특성(경도)과 깊은 관련이 있다.

산성화 공정은 요구르트의 최종 pH에 의해 조절되며, 산성화 속도가 요구르트의 전반적인 품질에 영향을 미치는 핵심 요인이다. 전형적인 요구르트의 최종 pH인 4.8~4.5 범위에 도달하면 신속한 냉각을 통하여 발효가 정지된다. 온라인 상태의 pH 측정은 전극 등이 파손되어 제품에 혼입될 위험성이 있어 추천하지 않는 방법이며, 발효탱크 내 믹스의 샘플 채취를 통하여 산성화의 진행 지표가 되는 pH를 측정하는 것이 일반적인 방법이다.

산성화 속도는 발효시간에 직접적으로 작용하기 때문에 이에 대한 과학적인 지식과 제어기술은 공장 단위의 생산 계획을 수립하는 데 매우 중요하다. 스터터의 균종과 활성(activity), 믹스의 성분 조성과 물리적 처리방법 및 발효온도 등이 영향을 미치는 주요 요인이다.

그러나 실제 생산 현장에서 발효온도를 정확히 제어하기는 매우 어려우며, 더욱이 우유의 응고라는 복잡한 반응은 pH 5.2 부근에서 개시되기 때문이다. 따라서 생산하려는 제품군에 따라 배양시간은 차이가 있는데, 프로바이오틱스 균주가 함유된 드링크형 요구르트는 6~8시간(37℃)인 반면에 교반형 요구르트는 4~5시간(42℃)을 목표로 하고 있다.

그림 6-11. 유산균 스타터 첨가 (2023년 1월, 필자)

한편, 요구르트의 겔 형성과 관련한 물리·화학적 변화에 대하여 보다 자세히 살펴보면, 미생물 발효에 의해 유당이 유산으로 전환되면서 pH가 저하된다. 우유의 산성화는 pH 6.7에서 pH ≤4.6으로 낮아지는 과정에서 일어나며, 겔화(gelation)는 pH 5.2~5.4 범위에서 시작이 된다.

우유의 산성화(acidification)는 교질성 인산칼슘(이하 CCP, colloidal calcium phosphate)의 가용성화를 유기하여 카제인 미셀(casein micelle) 내부의 구조적 특성이 파괴되는 결과를 낳는다.

그림 6-12. 요구르트 발효 탱크 상부, 내부 및 배치 (6,000리터 탱크)

카제인이 우유의 등전점(isoelectric point)인 pH 4.6에 가까워지면 카제인 외곽의 순수 음전하가 감소하게 된다. 하전된(charged) 그룹 간의 정전기적 반발력이 감소하면서 정전기적 인력이 증가하여 단백질-단백질 간 인력 역시 증가하게 된다(친수성 상호반응의 증가가 원인). pH가 6.7에서 6.0으로 낮아지면 카제인 미셀 외각의 순수 음전하게 감소되어 정전기적 반발력 역시 감소하게 된다. pH 6.0 이상에서는 단지 소량의 CCP만 가용성화 되고, 카제인 미셀의 크기는 거의 변화가 없다. pH가 6.0에서 5.0으로 점점 낮아지게 되면 카제인 미셀상의 음전하 역시 크게 감소한다.

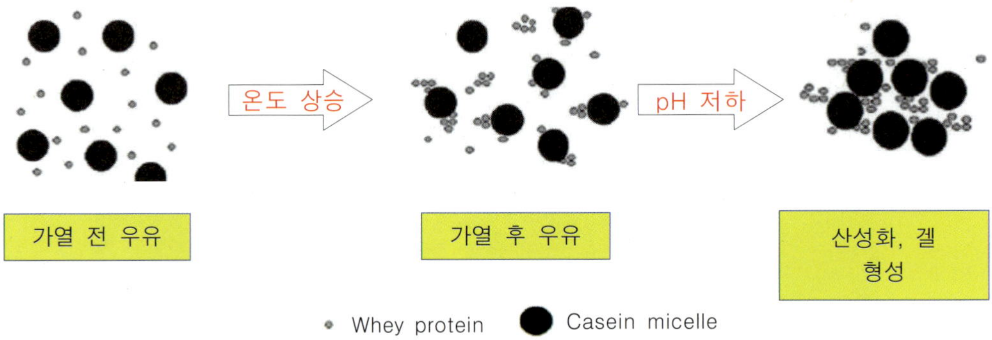

그림 6-13. 우유의 열처리 및 산성화에 따른 단백질 조직 형성도

κ-카제인의 하전된 돌기가 수축되어 정전기적 반발력과 입체 구조적 안정성이 불안정해진다(원래 우유 카제인 미셀 안정성의 변화). pH 6.0 이하에서는 CCP의 가용성화 비율 증가, 카제인 내부 구조의 약화 그리고 노출된 포스포세린(phophoserine) 잔기 간의 정전기적 반발력은 증가한다.

발효가 진행되어 pH 5.0 부근에서는 우유 내의 CCP는 카제인 미셀 안에서 완전히 가용성화 되는데, 미셀로부터 해리되는 카제인의 양과 비율은 온도 및 pH의 영향을 받는다. 발효액의 pH가 우유의 등전점인 4.6에 가까워짐에 따라 카제인 표면의 음전하와 카제인 분자간의 정전기적 반발력은 감소되는 반면에 카제인-카제인 분자간의 인력은 증가한다. 결국 산성화 공정은 응집체와 카제인 사슬로 구성된 3차원적 구조를 형성하게 된다.

2.6 냉각 및 포장(cooling and packaging)

1) 요구르트의 냉각

배양이 종료된 요구르트의 공정 1단계는 산성화를 중단시키기 위해 가능한 빠른 시간 내에 일정 온도 이하로 냉각을 실시하는 것이다. 요구르트 배양 종점은 믹스의

그림 6-14. 판형 냉각기와 요구르트 저장 탱크

pH가 4.6 부근에 도달한 시점이 된다. 정치형 요구르트는 생산 규모에 따라 냉각된 공기를 이용하여 냉각실(cooling room) 및 냉각 터널 또는 냉각 공기가 강제 순환하는 캐비닛 같은 곳에서 1~2시간 동안에 4~5℃까지 냉각되도록 한다.

교반형 요구르트는 배양탱크 자켓 내부에 냉각수(chilled water)를 순환시켜 20~40분 사이에 18~25℃(평균 20℃)로 냉각시킨다. 교반형은 이 온도에서 향, 과일(잼, 펄프, 과육) 등을 첨가하며, 대량 생산 시에는 계량 펌프와 믹서기를 포장기와 온라인 상태로 연결하여 제품을 생산한다. 한편, 드링크형 요구르트는 배양 종료와 동시에 균질 공정을 거쳐 4℃로 냉각한다.

요구르트의 최종 조직 특성 특히 교반형의 경우 소비자들이 제품을 선택하는 중요한 기준이 된다. 믹스의 성분 조성, 여과망의 사용 여부, 제조 공정 등의 다양한 요인이 요구르트의 조직 특성에 영향을 미친다. 회분식 발효탱크를 사용하는 목장형 유가공 공장에서는 배양이 종료됨과 동시에 교반기를 작동하면서 탱크 자켓으로 냉각수를 공급하여 냉각을 실시한다. 판형 냉각기에 비하여 냉각시간이 길어 보통 300리터 배양액 기준으로 약 30~40분이 소요된다.

2) 요구르트의 포장

요구르트의 포장은 제품의 유통, 판매 및 소비자의 최종 소비단계까지 위생상 안전성을 보증하고, 제품의 내용물을 보호하기 위함이다. 플라스틱이나 유리 재질의 컵을 사용하는 정치형 요구르트의 포장에는 최신의 성형-충진-밀봉(FFS, form-fill-seal) 기술이 이용된다. 최근 국내에서 널리 사용하는 요구르트의 일반적인 플라스틱 포장

용기 재질은 PET(polyethylene terephthalate), 그리고 뚜껑은 PE(polyethylene)를 사용하고 있다.

이러한 형태의 포장기는 다음의 3가지 주요한 단위 공정을 통하여 포장작업이 이루어진다. 첫째는 다중층 열가소성(multilayer thermoplastic) 소재를 가지고 150~200℃에서 용기를 열성형(thermoformation), 두 번째는 무균공기 공급에 의한 양압(overpressur) 시스템이 유지되는 밀폐된 공간에서 제품 충진, 그리고 세 번째는 제품이 충진된 용기 상단을 제품관련 제반 정보가 인쇄된 알루미늄 리드(aluminum lid)에 열을 가하여 밀봉(thermosealing)하는 것이다.

다음은 자동 트레이 패커(automatic tray packer)에 의해 2, 4, 8 또는 16개 단위의 멀티팩(multipack) 형태로 번들 포장(bundle packing) 된다. 포장이 완료된 제품은 4~5℃로 유지되는 냉장창고에 보관하여 제품 조직 특성의 안정화와 후발효(post-fermentation)가 진행되는 것을 방지한다.

아래의 그림에서처럼 드링크형 요구르트의 자동충진 공정은 공병 투입, 공병 내부 살균을 위한 오존수 처리, 로타리형 충진기에 의한 요구르트 충진, 캡핑, 컨베어 이송 중에 중량 확인, 금속검출기 통과 및 소비기한(유통기한) 날인, 크레이트 또는 박스 포장 후 팔레트에 적재하여 냉장창고로 이송·저장한다.

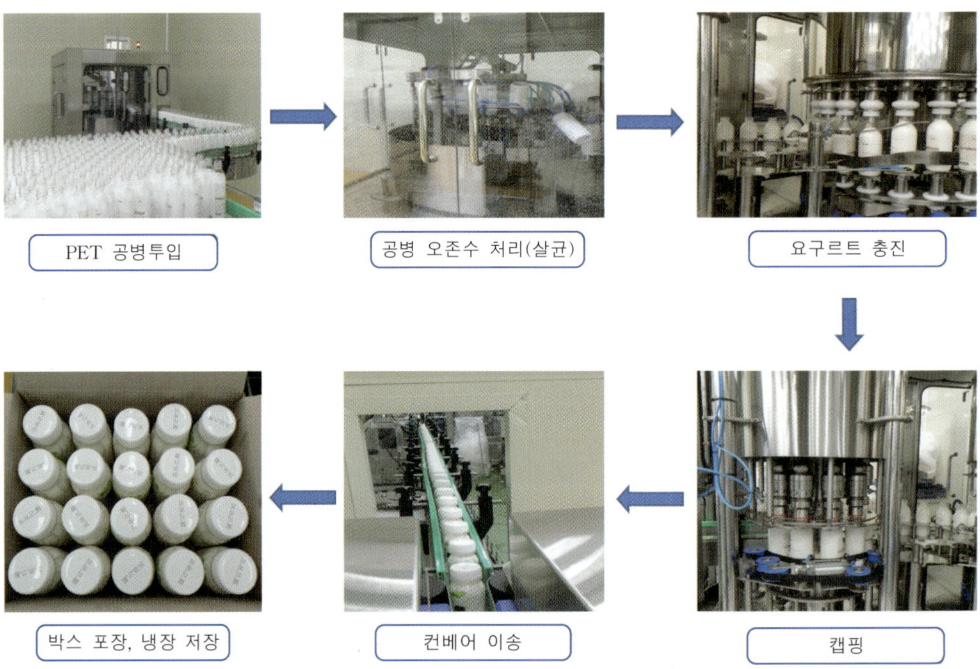

그림 6-15. 자동화 시스템에 의한 요구르트 충진 공정도

그림 6-16. 소규모 공장에서 사용하는 반자동 충진기(2구 type)

그림 6-17. 반자동 충진기를 사용한 요구르트 충진 장면

그림 6-18. 반자동 충진기를 사용한 충진 제품 냉장보관 (2023년 1월, 필자)

반자동 충진은 정치세정(CIP, cleaning in place)이 끝난 충진기를 이동하여 발효 탱크와 연결한다. 충진 용량은 주로 150mℓ, 500mℓ 및 750~1,000mℓ이며, 충진이 끝난 병은 캡을 살짝 씌워 바로 우측의 캡핑기에서 회전 밀봉된다.

그림 6-19. 박스 포장 후 팔레트 적재된 요구르트 제품

3. 요구르트의 생산 라인의 설계

요구르트 제조를 위한 우유(원유)의 저장, 믹스 제조, 발효 및 냉각, 후처리, 포장 등에 사용되는 모든 설비는 작동 후 세척과 살균에는 정치세정(CIP) 시스템을 사용한다. 이러한 시스템은 적당한 온도와 시간 동안 자동으로 세척용 세제와 물 등을 공급하기 위해 공장 내부에 CIP실이 별도로 설치되어 있다.

요구르트 발효는 회분식(batch) 공정이지만 믹스의 혼합 및 열처리, 균질, 냉각 등의 공정은 연속식 또는 반연속식 공정을 적용한다. 요구르트 생산현장에서 자동화 공정의 핵심은 첫째 온도, 압력, 유량 및 무게 등과 같은 물리적인 변수들을 측정하는 센서의 설치, 두 번째는 주용 공정의 변수들을 제어할 수 있도록 밸브, 펌프, 모터 등을 조절하는 디지털 작동 전자장치(PLC, Programmable Logic Controller)의 설치, 그리고 세 번째는 전반적인 변수들을 추적, 모니터링 할 수 있는 주 컴퓨터의 설치 등을 들 수가 있다.

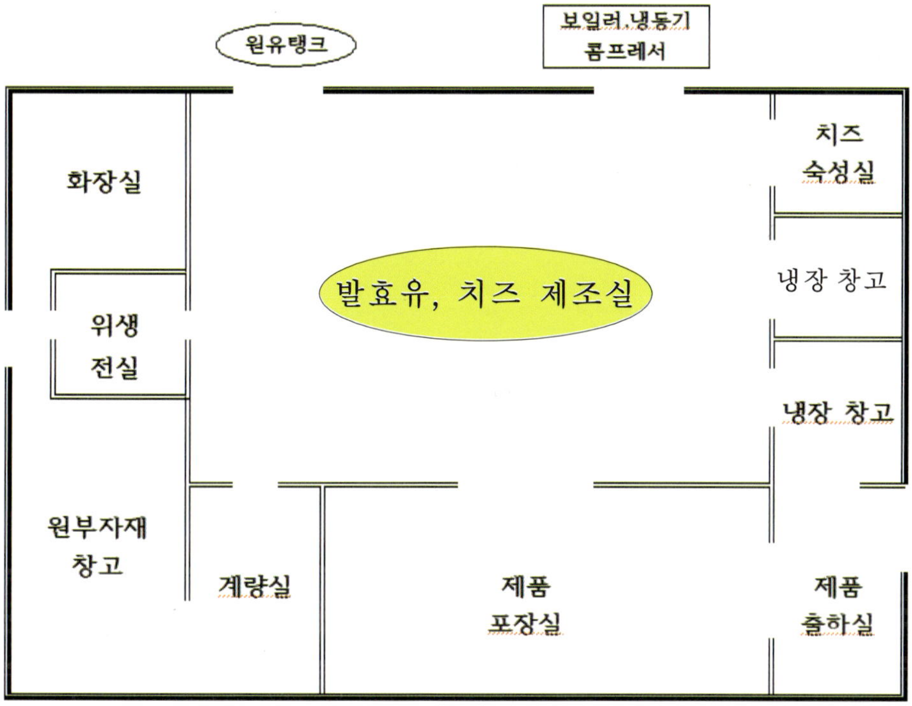

그림 6-20. 소규모 발효유 및 치즈 생산 공장의 구획 배치도

제7장

요구르트 유형별 세부 제조공정

1. 국내 발효유류의 분류 기준

국내 축산물별 기준 및 규격에 따르면 발효유류는 원유 또는 유가공품을 유산균, 효모로 발효시킨 것이나, 이에 다른 식품 또는 식품첨가물 등을 위생적으로 첨가한 것으로 규정하고 있다. 또한 축산물 가공품의 유형별 분류에 의하면 발효유는 원유 또는 유가공품을 발효시킨 것이나, 이에 다른 식품 또는 식품첨가물 등을 위생적으로 첨가한 것으로, 무지유고형분 3% 이상의 제품(유산균수 1.0×10^7 cfu/mℓ 이상)을 말한다.

그리고 농후발효유는 원유 또는 유가공품을 발효시킨 것이나, 이에 다른 식품 또는 식품첨가물 등을 위생적으로 첨가한 것으로, 호상 또는 액상으로 한 무지유고형분 8% 이상의 것(유산균수 1.0×10^8 cfu/mℓ 이상)으로 규정하고 있다.

2. 홈메이드 요구르트 제조방법

2.1 가정에서 요구르트 만들기

발효유(액상) 농후발효유(호상) 농후발효유(드링크)

그림 7-1. 국내에서 생산, 시판 중인 발효유 유형

특별한 도구 없이 우유(시유)와 시판용 요구르트만 있으면 가정에서 간단히 요구르트를 만들어 마실 수 있는 방법에 대하여는 이미 필자가 제5장(요구르트 제조 원료 및 첨가제의 특성)에서 기술하였다. 사실 요구르트는 가정에서 쉽게 만들어 먹을 수가 있으며, 얼마 전부터는 "홈메이드 요거트 메이커"가 시중에 판매되면서 가정에서 직접 요구르트 만들어 먹는 수요가 상당한 것으로 나타났다.

현재 시중에서 판매되고 있는 발효유 제품들은 기본 원료인 우유와 유산균(스타터 컬처) 이외에도 설탕, 과일 시럽, 안정제 및 향료 등이 첨가되어 있다. 현재 일부 업체에서는 순수 요구르트라는 제품명으로 우유와 유산균만을 가지고 만든 요구르트를 생산, 판매하고 있기도 하다. 이에 여기에서는 시판되는 요구르트 메이커 대신에 전기밥솥을 이용한 요구르트 제조에 대하여 기술하고자 한다.

▣ 준비물

- 시유(살균 우유) 1리터
- 드링크 요구르트 1병(150mℓ)
- 전기밥솥
- 배양 용기(유리 또는 플라스틱, 500mℓ) 2개
- 기타(온도계)

▣ 만드는 방법

(1) 배양 용기(유리 또는 플라스틱) 병을 깨끗이 세척한 다음, 뜨거운 물로 헹구어 건조시킨다.

(2) 우유(1리터)를 온수를 가해 약 40℃ 정도 되게 가온한 후 용기에 따른다(500mℓ, 2병).

(3) 드링크 요구르트 1/4컵(약 50~60mℓ)을 용기에 넣고 고루 섞는다(뚜껑은 느슨하게 닫음).

(4) 전기밥솥의 전원을 켜고 물은 채운 다음 보온 메뉴로 설정한다. 이 때 물의 양은 요구르트가 담긴 높이 보다 약 3cm 이상 높게 채운다.

(5) 배양 4~5시간 경과 후 우유가 응고되면 용기를 꺼내어 차가운 물로 냉각시킨 다음 냉장 보관한다(보관 전에 용기를 강하게 흔들어 응고물을 분쇄). 기호에 따라 과일시럽, 잼, 견과류 등을 첨가하여 먹는다.

※ 필자의 경우 : 배양온도(43℃), 배양시간(5시간, pH 4.68)

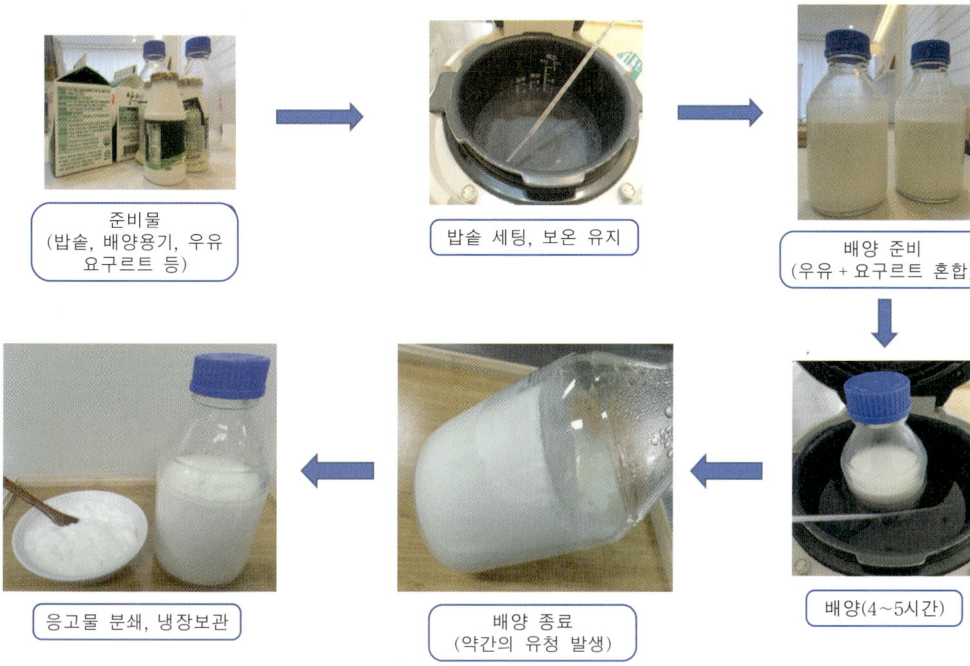

그림 7-2. 전기밥솥을 이용한 홈메이드 요구르트

그림 7-3. 가정용 요구르트 메이커

이전에 필자가 집에서 가끔 사용하였던 요구르트 메이커는 우유 900mℓ에 드링크 요구르트 150mℓ를 혼합하여 배양 용기에 끓인 물을 표시선 까지 채운 다음 배양을 하였다. 배양시간은 대략 8～10시간이 소요되었다. 최근에는 약 150～200mℓ의 배양 용기를 5～7개 준비하여, 동시에 배양하는 요구르트 메이커도 판매가 되고 있다.

2.2 실험실에서 요구르트 만들기

사실 실험실적인 방법은 신제품의 개발, 첨가제 변경에 따른 배합비 조정, 과일시럽 등의 변경 및 유산균주 교체 등에 따른 제품의 최적 상태를 확인하기 위하여 실시한다. 소량 작업이기 때문에 기본적인 준비물로는 원유, 유산균주, 감미료, 안정제, 과일시럽 그리고 핸드 믹서, 배양용 유리병, 멸균기(autoclave), 항온수조(water bath) 및 냉각수조 등이 필요하다.

실험실적인 요구르트 제조의 주요 단계에는 핸드 믹서를 이용한 원유와 첨가제의 혼합 및 균질, 멸균기를 이용한 살균(필자의 경우 갈변이 일어나지 않는 110℃, 10분), 발효 온도 40℃로 냉각 및 유산균주 접종, 항온수조 배양(42℃, 5시간 전후, pH 4.6～4.7) 그리고 배양물의 분쇄 및 냉각과정 등이 포함된다. 보다 빠른 냉각을 위해서 특히 하절기에는 흐르는 상수에 얼음 또는 냉동 아이스팩을 넣어 함께 실시한다.

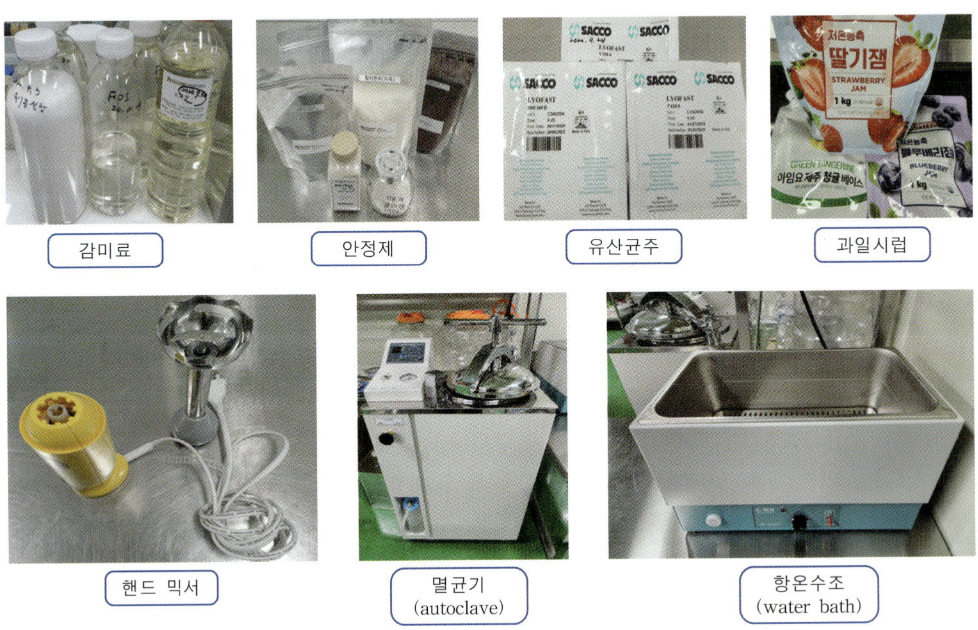

그림 7-4. 실험실 요구르트 제조 시 주요 원료 및 설비

그림 7-5. 실험실 제조 요구르트의 주요 공정

3. 액상 요구르트(liquid yogurt) 제조방법

3.1 액상 요구르트의 특징

우리나라 축산물별 기준 및 규격에는 발효유류를 발효유와 농후발효유로 구분하고 있으나, 일반적으로는 발효유에 해당되는 액상 요구르트(liquid yogurt)와 농후발효유에 속하는 호상 요구르트(stirred yogurt)와 드링크 요구르트(drink yogurt)로 구분하고 있다.

우리나라 발효유는 1971년 ㈜한국야쿠르트에서 국내에 판매를 시작한 “야쿠르트(Yakult)”란 상품명의 65㎖ 액상 발효유가 시초이며, 이어서 해태 요구르트(1976년), 남양 요구르트(1977년), 그리고 서울우유 요구르트(1978년) 등이 차례로 출시되었다. 사실 이러한 액상 요구르트의 기원은 1930년대 초에 일본에서 시작되었다.

1930년에 락토바실러스 카제이(*Lactobacillus casei* strain Shirota, 이하 LcS) 균주가 일본인 과학자인 시로타(Minoru Shirota) 박사에 의해 분리, 순수 배양되었다(발음, YAA-kult). 그러나 시로타 박사의 이러한 미생물의 근원에 대한 아이디어는 오래 전부터 이미 시작되었다. 시로타는 1899년 나가노현의 시골 마을인 이다(Iida)에서 태어나, 성장 과정에서 그는 콜레라와 이질(dysentery)과 같은 전염병의 발생을 자주 목격하게 된다. 시로타는 이에 자극을 받아 의학 분야에서 경력을 쌓기로 결심하고, 1921년 교토 제국대학(현 교토대학)의 의과대학에 입학하여 최종적으로 박사 학위를 취득하였다.

그는 특히 예방의학(preventative medicine)에 초점을 맞추어 인체의 건강을 강화시키고, 일반적인 질병의 발생을 줄일 수 있는 미생물에 대한 연구를 하였다. 연구 과정에서 그는 유산균(lactic acid bacteria)이 소화관 내에 서식하는 유해 미생물의 생육을 억제하는 데 도움이 된다는 사실을 발견하게 된다.

이처럼 시로타 박사가 발견한 카제이균(LcS)은 생균 상태로 장에 닿을 수 있어 장의 건강과 균형 유지에 도움을 주는 것으로 알려졌다. 이를 근거로 1935년에 이 균주를 첨가하여 배양한 탈지유 음료(skimmed milk drink)가 야쿠르트(Yakult)란 상품명으로 판매가 시작되었다(1950년, 교토에 시로타 연구소 설립).

액상 요구르트 제조공정은 발효 베이스 제조, 갈변(마이야르 반응, Maillard reaction), 시럽 조제 그리고 배양액에 시럽과 일정량의 살균수를 첨가하여 희석하는 4단계로 구분할 수 있으며, 공정 자체가 다소 복잡한 것이 특징이다. 특히 원료의 조제가 완료된 후에 95~96℃에서 약 2시간 실시하는 갈변공정(비효소적 반응)을 통하여 액상 요구르트 특유의 색상(갈색)과 가열취를 지니게 된다.

다음의 제조공정은 일반 유가공 공장에서 실시하고 있는 대량 생산의 경우를 중심으로 서술하였다.

그림 7-6. 액상 요구르트의 전형적인 색상 (한국, 미국)

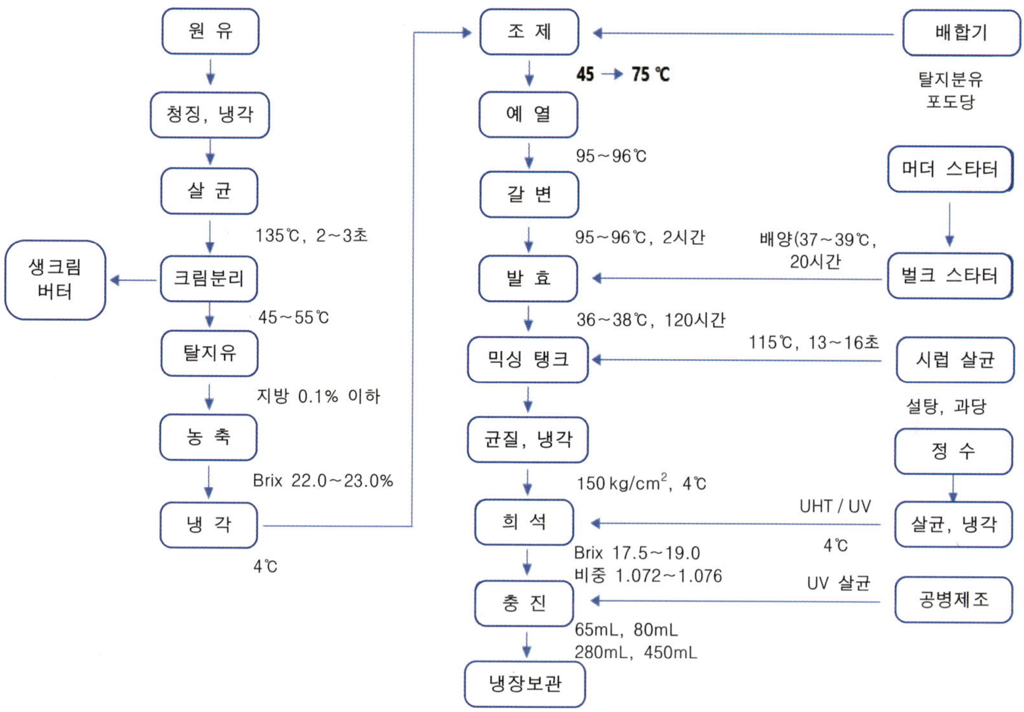

그림 7-7. 액상 요구르트의 주요 생산 공정도

표 7-1. 발효 베이스 제조를 위한 주요 원료의 사용 수준

원 료 명	사용량(%)
탈지유(환원탈지유)	17~19
탈지분유	1.5~2.0
포도당	0.5~0.7
동결건조 유산균주(DVS)	0.0025 벌크 스타터(1.5~2.5%)

3.2 제조 공정

■ 발효 베이스 제조

(1) 탈지유, 탈지분유 및 포도당 등의 주요 원료를 준비, 계량한다. 과거에는 벌크 스타터(bulk starter)를 사용하였으나, 최근에는 동결 건조 유산균(DVS, direct vat set)을 사용하는 것이 일반적이다.

(2) 원유를 판형 열교환기(이하 PHE, plate heat exchanger)를 통해 45~55℃ 또는 60~65℃로 가온한 후, 원심분리기에서 3,000 rpm 이상으로 원심분리하여 생크림과 탈지유를 분리한다(신선 탈지유). 또는 용해조에 탈염 정제수를 넣고 준비한 탈지분유를 혼합기를 통과시켜 용해, 최종 고형분 농도 9%의 환원 탈지유를 만들어 사용하기도 한다.

(3) 탈지유 또는 환원 탈지유를 PHE를 통해 가온하고, 탈지분유와 포도당을 혼합기에서 용해시킨다.

(4) 살균된 조제액을 95~96℃에서 2~3시간 갈변 후, 배양온도인 36~38℃로 냉각시킨다.

(5) 스타터를 첨가하고 36~38℃에서 108~132시간 배양하여 적정산도가 0.28%에 도달하면 배양액을 교반, 냉각하면서 믹싱 탱크로 이송한다.

▣ 시럽 제조

(1) 고과당(55%), 설탕, 구연산 나트륨 및 요구르트 향료 등을 계량, 준비한다.

(2) 정제 살균수를 계량하여 용해조로 이송하고 원료를 용해시켜 시럽 조제액을 만든다.

(3) 시럽 조제액을 PHE를 이용 95℃, 5분 또는 115℃, 13~16초간 살균 후, 10℃ 이하로 냉각시켜 믹싱 탱크(blending tank)로 이송한다.

(4) 믹싱 탱크에서 배양액과 시럽을 30 rpm으로 교반, 혼합한다(요구르트향 첨가).

※ 시럽을 믹싱 탱크에 먼저 첨가하고 배양액과 시럽을 균질, 냉각 후에 별도로 정제 살균수를 첨가하기도 한다.

표 7-2. 액상 요구르트 시럽 제조용 원료 사용 수준

원 료 명	사용량(%)
고과당(HFCS 55%)	12~14
설탕(정백당)	4.0~5.5
구연산 나트륨	0.04~0.06
구연산	0.02
요구르트 향	0.07~0.09
정제 살균수	61~64

▣ 제품 충진 및 포장

(1) 배양액과 시럽의 혼합액을 150～200 kg/cm^{2}의 압력으로 균질, 4℃로 냉각시켜 버퍼 탱크로 이송한다.

(2) 공병 사일로에 저장된 공병을 정립기를 거쳐 표시사항을 인쇄한 후, 65mℓ 또는 280mℓ, 450mℓ의 대용량 용기에 충진, 알루미늄 캡 또는 스크류 캡으로 밀봉한다.

3.3 액상 요구르트의 품질 특성

일반적으로 유업체에서 완제품 액상 요구르트의 품질 규격은 적정산도(총산도) 0.58～0.62%, pH 3.5～3.7, 비중 1.072～1.076, 당도(Brix) 17.7～18.8% 그리고 총 고형분 함량 최저 18.0%, 무지유고형분 함량 최저 3.0%, 유산균수는 최저 1.0×10^7 cfu/mℓ(업체 자체적으로 안전기준을 고려하여 1.0×10^8 cfu/mℓ 유지)를 기준으로 설정하여 관리하고 있다.

한편, 국내에서 시판 중인 액상 요구르트 30종을 분석한 결과 pH 3.64～4.59, 가용성 고형분(^{0}Brix) 7.10～21.23, 총 산도(total acidity, lactic acid) 0.36～0.91% 그리고 유산균수(log CFU/mℓ)는 호기성(aerobic) 7.23～11.37, 혐기성(anaerobic) 8.04～11.5의 수준을 나타내었다(2017년). 또한 2018년 국산 액상 요구르트 8종의 분석 결과는 pH 3.46～3.79, 총 산도는 0.45～0.94%로 나타났다.

4. 호상 요구르트(stirred yogurt) 제조방법

4.1 호상 요구르트의 특징

이미 언급한 바와 같이 시판 요구르트 제품은 물성과 조직 특성에 따라 정치형(set), 호상 또는 교반형(stirred) 및 드링크형(drinkable)으로 구분한다. 또한 플레인(plain), 과즙 및 풍미 성분 첨가 요구르트로 분류하기도 한다. 호상 요구르트(stirred / blended cup yogurt)는 유럽풍(Continental), 프랜치 또는 스위스 스타일 요구르트라고도 할 수 있다. 미국에서 큰 인기를 얻은 최초의 상업적인 브랜드인 프랜치 요구르트(French-style yogurt)는 1981년 요플레(Yoplait)라는 이름으로 출시되었다.

오늘날 요플레는 파리 현지에서 먹는 것과는 매우 다른 것으로 진화했으며, 이 요구르트 브랜드의 많은 버전이 유통되고 있다. 이러한 상황에 맞추어 요플레(현재 대주주는 General Mills)는 2017년에 요구르트의 새로운 브랜드인 "위"(Oui)를 출시하였다. 오리지널 요구르트 이외에도 "위"는 레이어드 디저트(layered dessert), 크림 디저트, 유제품을 대체한 코코넛 디저트 같은 다른 버전의 제품들을 개발하였다. 블랙베리, 딸기, 파인애플 같은 과일 잼과 바닐라, 캐러멜, 꿀 등과 천연 향이 조합된 제품들 역시 출시하였다.

마침 필자는 2023년 2월 미국령 괌을 방문할 기회가 있었는데, 호텔 조식에서 제공되는 오리지널 요플레 요구르트(150mℓ, 호상)를 몇 일간 먹을 수가 있었다. 제공되는 요구르트는 복숭아, 블루베리 및 딸기와 바나나 과일 시럽이 혼합된 제품 3종 이었다. 요플레 요구르트에 사용한 주된 원료에는 배양액(A등급 저지방 우유), 설탕, 변성 전분, 제3인산칼슘, 펙틴, 젤라틴, 천연향, 비타민 A, 비타민 D_3 그리고 카민(carmine), 아나토 추출액(annatto extract) 등의 천연 색소 등이 함유되어 있다.

호상 요구르트는 발효공정이 끝나면 탱크 내에서 형성된 겔 구조를 교반하면서 분쇄한다. 이는 작은 알갱이 또는 덩어리가 형성되지 않으면서 균일한 농도(consistency)를 지니게 하기 위함이다. 호상 요구르트의 특이한 조직(texture)은 카제인 미셀(casein micelle)의 산에 의한 응집(aggregation)과 배양과정에서 점질성 또는 끈적한 물질을 생성하는 균주(ropy strain)로부터 생성된 세포밖다당류(이하 EPS, exopolysaccharides)에 기인한 것이다.

정치형 요구르트와는 반대로 호상 요구르트의 겔 구조는 발효탱크 내에서의 교반(agitation)과 냉각 공정에서의 펌핑(pumping)에 의해 파괴가 된다. 유동학적인 측면

그림 7-8. 오리지널 요플레 및 위(Oui) 요구르트 (필자, 2023년 2월, 괌)

에서 호상 요구르트는 시간 의존성의 점탄성(viscoelastic)과 틱소트로픽(thixotrophic) 특성을 지니고 있다. 틱소트로픽이란 겔 상태에서 흔들거나 저어주면 유동성의 졸(sol) 상태로 전환되지만, 다시 정치시킬 경우 겔 상태로 변환되는 성질을 의미한다.

점질성 생성 균주를 사용하는 경우 겔 구조의 파괴와 유청 분리 또는 수분 분리(syneresis) 현상이 완화되어 결과적으로 요구르트의 농도가 개선된다. 또한 제품의

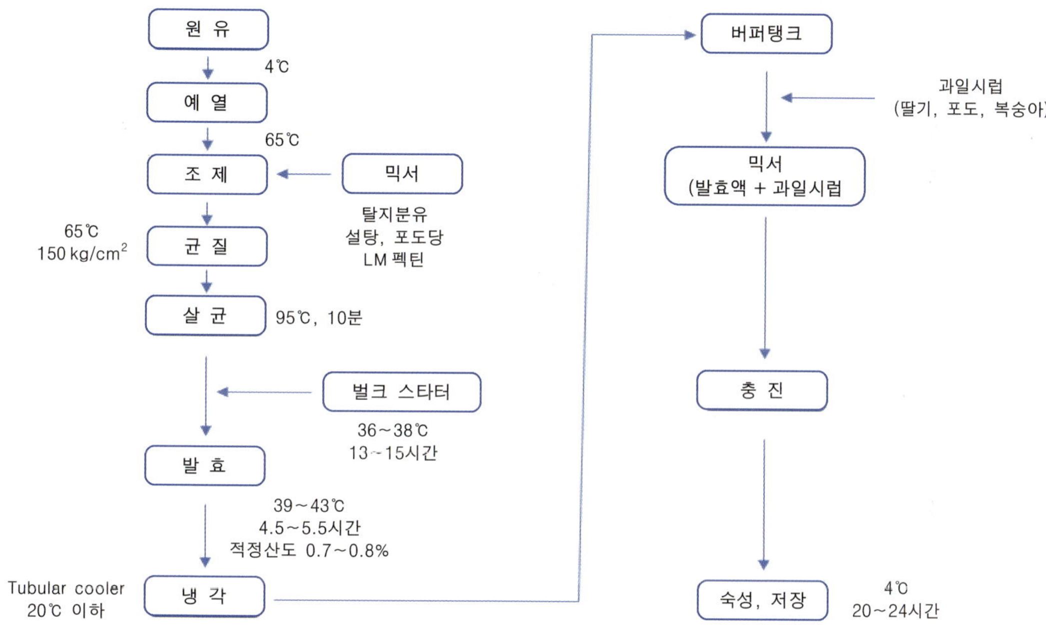

그림 7-9. 호상 요구르트의 주요 생산 공정도

그림 7-10. 미국에서 시판 중인 "위" 요구르트(바닐라, 딸기)

유동학적 특성은 균주로부터 방출되는 EPS의 생성량과 구조 그리고 EPS와 카제인 미셀 간의 상호작용에 의해 영향을 받는다. 이 외에도 원료 우유의 성분 조성, 믹스의 총고형분 함량, 열처리 정도, 여과용 체(sieve)의 사용 여부, 배양온도 및 시간 등도 영향을 미치는 요인이다. 한편, 우리나라의 호상 요구르트는 1981년 삼양요거트가 국내에서 처음 판매를 시작한 이래 1983년 요플레, 1988년 슈퍼-100 그리고 1989년에 바이오거트가 차례로 출시되었다.

4.2 제조 공정

■ 발효 베이스 제조

(1) 탈지분유 및 주요 첨가 원료(식이섬유, 카제인나트륨, 설탕, 포도당, 펙틴) 및 동결건조 유산균(DVS, direct vat set)을 준비, 계량한다. 벌크 스타터의 경우 36~38℃에서 13~15시간 배양한 것(적정산도 1.1~1.7%, pH 3.7~4.1)을 사용한다.

(2) 원유를 판형 열교환기(이하 PHE, plate heat exchanger)를 통해 60~70℃로 가온한다.

(3) 탈지분유와 주요 첨가 원료를 혼합기(믹서)에서 용해시킨 후, 원유와 혼합하여 65℃에서 150 kg/cm^2 압력으로 균질 처리한다.

(4) 조제액을 95~96℃에서 5분간 살균(열처리) 후, 배양온도인 36~38℃로 냉각시킨다.

(5) 스타터를 첨가하고 36~38℃에서 5~6시간 배양하여 적정산도가 0.7~0.8% (pH 4.5~4.6)에 도달하면 발효탱크 내에서 서서히 교반, 냉각한다.

표 7-3. 발효 베이스 제조를 위한 주요 원료의 사용 수준

원 료 명	사용량(%)
탈지분유	2.5~3.0
식이섬유	0.3~0.7
카제인나트륨	0.3~0.7
설탕(정백당)	0.4~0.9
포도당	0.4~0.7
펙틴(LM)	0.1~0.3

(6) 관형 냉각기(tubular cooler)를 통과시켜 20℃ 이하로 냉각한 후, 저장탱크(버퍼탱크)로 이송한다.

■ 시럽 제조

(1) 딸기, 복숭아, 포도 등의 시럽의 경우 소규모 생산 시에는 자가 생산하여 사용하지만, 대량 생산의 경우에는 과일시럽 전문 생산업체로부터 공급받아 사용하는 것이 일반적이다.

표 7-4. 호상 요구르트 과일시럽(딸기) 제조용 원료 사용 수준

원 료 명	사용량(%)
딸기 과육	55.0～65.0
설탕(정백당)	29.0～32.0
고과당(HFCS)	4.0～6.0
말토덱스트린	1.0～2.0
펙틴(LM)	0.2～0.4
안정제(카라기난 등)	0.3～0.5
천연 향료	0.5～0.7

■ 제품 충진 및 포장

(1) 배양액과 시럽 탱크를 믹서와 연결한 후, 일정량의 배양액과 과일시럽(약 20～25%)를 믹서에서 혼합한 후 충진기로 이송한다.

(2) 포장용 컵(폴리에틸렌테레프탈레이트)에 용량별(85g, 100g, 130g 또는 대용량 450g)로 충진한 후 알루미늄 캡 등으로 밀봉한다.

4.3 호상 요구르트의 품질 특성

일반적으로 유업체에서 완제품 호상 요구르트의 품질 규격은 적정산도 0.85～1.05%, pH 4.45～4.57, 당도(Brix) 최저 20% 그리고 총고형분 함량 최저 23.0%, 유산균 수는 최저 1.0×10^9 cfu/mℓ 또는 9.0 log CFU/mℓ를 기준으로 설정하여 관리하고 있다. 한편 국내에서 시판 중인 호상 요구르트 20종을 분석한 결과 pH 4.05～4.41, 적정산도(titratable acidity) 0.80～1.45% 그리고 유산균수(log CFU/mℓ)는 6.65～9.39 범위를 나타내었다(2020년).

5. 드링크 요구르트(drink yogurt) 제조방법

5.1 드링크 요구르트의 특징

상업적으로 만든 요구르트 제품은 이들의 물성과 조직 특성에 따라 set-, stirred- 및 drinkable-yogurt로 분류한다. 또한 풍미 성분에 의해 plain-, fruit- 및 flavored-yogurt로 그리고 제조방법 및 첨가제의 종류에 의해 set-, stirred/drinking-, smoked-, concentrated-, frozen-yogurt, yogurt drink 및 요구르트 음료(yogurt beverages) 등으로 구분하기도 한다.

그림 7-11. 국내에서 시판 중인 다양한 종류의 드링크 요구르트

그림 7-12. 일본에서 진열, 판매 중인 발효유 제품 (필자, 2017년, 북해도)

그림 7-13. 미국에서 진열, 판매 중인 요구르트 제품
(2022년 10월, 시애틀)

요구르트 드링크(yogurt drink)는 요구르트와 우유 또는 물을 설탕, 안정제 및 과일주스 등의 다른 원료와 혼합하여 만든 제품이다. 최적의 제품 농도와 최소한의 유청분리 또는 수분분리(syneresis)는 드링크형 요구르트의 바람직한 품질 특성이며, 여기에 추가적으로 안정제를 첨가하면 제품 저장 중에 발생하는 혈장(scrum) 분리 현상을 줄일 수가 있다.

다양한 형태와 종류의 안정제(stabilizer)가 요구르트 최종 제품의 품질을 개선하기 위하여 사용된다. 예를 들어 메톡실 펙틴(methoxyl pectin)은 식품산업에서 하이드로콜로이드(hydrocolloid) 및 겔화 다당류(gelling polysaccharide)에 가장 널리 사용되는 안정제 중의 하나이다. 메톡실 펙틴은 과일이나 채소의 세포벽에 있는 비결정성 다당류서 주성분은 갈락투론산(galacturonic acid) 또는 이의 메틸 에스터(methyl ester)이다.

에스테르화는 산소산(주로 카르복시산)과 알코올 또는 페놀에서 물을 얻고 에스테르를 생성하는 반응이며, 에스테르는 알코올 또는 페놀이 유기산 또는 무기산과 반응하여 물을 잃고 축합하여 생긴 화합물을 총칭한다. 메톡실 펙틴은 카복시기(R-COOH)가 에스테르화 되어 메톡시(methoxy, $-CH_3O$) 함량이 50% 이상 또는 메틸기(CH_3-)가 7% 이상인 경우 HM 펙틴, 그리고 카복시기가 에스테르화 되어 메톡시 함량이 50% 이하 또는 메틸기가 7% 이하인 경우에는 LM 펙틴으로 분류한다. 또한 메틸기 대신에 아민기($R-NH_2$)가 붙은 아미드 펙틴이 있다.

LM 펙틴은 우유 카제인의 응집(flocculation)을 방지하고 요구르트의 전반적인 관능 특성을 개선시키기 때문에 산성 드링크 요구르트에 널리 사용되고 있다(호상 요구르트에는 LM 펙틴 사용). 일반적으로 드링크 요구르트의 포장용기 내에서 발생할 수도 있는 부분적인 유청분리 현상은 소비자의 요구르트 선호도에 부정적인 영향을 미칠 수도 있기 때문이다(HM 펙틴의 유청분리 감소 효과).

이처럼 HM 펙틴 이외에도 다당류의 친수성 물질에 단백질 잔기가 발견되면서 이들의 유화제로서의 역할이 대두되었다. 대표적으로 아라비아검, 구아검 및 로커스트 콩검 등의 다양한 식물성 다당류들이 식품 속의 유화제로 많이 사용되고 있다. 식품에 사용되는 검류는 친수성 콜로이드로 작용하여 주로 점도의 증진, 겔 형성을 통한 가공식품의 물성이나 조직감 개선 그리고 수분 유지제와 안정제 등으로 사용되고 있다. 구아검(Guar gum)은 콩과식물(Guar plant)에서 추출한 점질성 다당류로서 주성분은 갈락토만난(galactomannan)이며, 가격 역시 저렴하다. 주로 인도 클러스터 콩(Indian cluster bean)에서 껍질과 배유를 분리한 후 배유를 갈아 추출한 수용성 식이섬유이며, 무취의 황색~백색 분말이다.

한편, 우리나라의 드링크 요구르트는 1989년 파스퇴르 요구르트가 국내에서 처음 판매를 시작한 이래 1991년 불가리스, 1992년 요델리퀸 드링크, 1995년 메치니코프 그리고 1996년에 칸이 차례로 출시되었다.

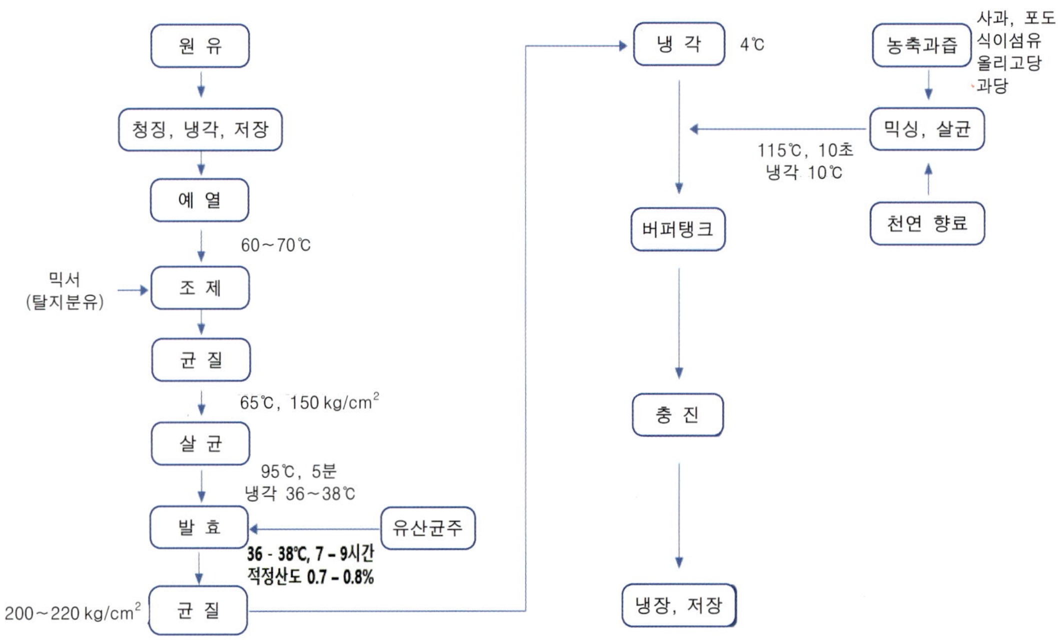

그림 7-14. 드링크 요구르트의 주요 생산 공정도

5.2 제조 공정

■ 발효 베이스 제조

(1) 탈지분유 및 첨가 원료(필요시 유당분해효소, HM 또는 아미드 펙틴, 구아검, 폴리덱스트로스), 동결건조 유산균(DVS, direct vat set)을 준비, 계량한다.

(2) 원유를 판형 열교환기(이하 PHE, plate heat exchanger)를 통해 60～70℃로 가온한다.

(3) 탈지분유를 혼합기(믹서)에서 용해시킨 후 안정제 등을 원유와 혼합, 조제한다(65℃).

(4) 조제액을 90～95℃에서 5～10분간 살균(열처리) 후, 150 kg/cm^{2}의 압력으로 균질하고 배양온도인 36～38℃로 냉각시킨다.

(5) 스타터 및 유당분해효소(필요시)를 첨가하고 36～38℃에서 7～9시간 배양하여 적정산도가 0.7～0.8%(pH 4.7～5.0)에 도달하면 발효탱크 내에서 서서히 교반, 냉각한다.

(6) 냉각과정에서 200～220 kg/cm^{2}의 압력으로 균질하고 혼합탱크 또는 제품 저장탱크(버퍼탱크)로 이송, 저장한다(4℃).

표 7-5. 발효 베이스 제조를 위한 주요 원료의 사용 수준

원 료 명	사용량(%)
원 유	78.0～80.0
탈지분유	1.8～2.2
안정제	0.2～0.4
유당분해효소(필요시)	0.02～0.04

■ 시럽 제조(딸기)

(1) 딸기 농축과즙을 조제 탱크에 넣고, 미리 준비한 첨가 원료를 혼합기를 통해 용해시켜 딸기 시럽액을 만든다.

(2) 조제된 딸기 시럽액을 열교환기를 통해 95℃, 5분간 살균 후 10℃ 이하로 냉각하여 저장탱크로 이송한다. 미리 저장되어 있던 배양액과 딸기 시럽액을 30 rpm으로 교반하면서 혼합한 후 150～200 kg/cm^{2}의 압력으로 균질, 제품 저장탱크로 이송한다.

표 7-6. 드링크 요구르트 과일시럽(딸기) 제조용 원료 사용 수준

원 료 명	사용량(%)
딸기 과즙	2.0~3.0
생딸기	4.0~6.0
과당시럽	6.0~7.0
식이섬유	1.2~1.5
콜라겐	0.05~0.1
천연 적색소	0.06~0.08
천연 딸기향료	0.13~0.15

▣ 제품 충진 및 포장

(1) 배양액 80%와 딸기 시럽액 20% 비율로 혼합된 제품 저장탱크 내의 완제품을 충진기로 이송한다.

(2) 포장용기(PET, PS)에 용량별(130g, 150g, 210g)로 충진 한 후 알루미늄 캡 또는 스크류 캡으로 밀봉한다.

5.3 목장형 유가공공장의 드링크 요구르트 생산

한편, 소규모 단위(300~500 kg/batch)의 국내 목장형 유가공공장에서 만드는 드링크 타입 요구르트는 다음과 같은 공정으로 진행이 된다. 대량 생산과의 주요 차이점은 배양탱크 내에서 살균, 냉각, 배양, 과일시럽 첨가 및 혼합이 이루어진다는 점이다. 또한 균질 공정이 없는 것이 일반적이다.

(1) 라인필터를 탱크로리와 연결된 수유 호스에 장착한 후, 여과공정을 거친 원유를 배양탱크로 이송한다.

(2) 스팀을 이용하여 원유를 65~70℃로 가온한 후 설탕 및 올리고당을 첨가, 용해시킨다.

(3) 90℃에서 10분간 살균 후, 배양온도인 40~42℃로 냉각한다.

(4) 동결건조 유산균(DVS, direct vat set)을 탱크에 첨가, 5분간 교반 후 교반기를 정지시키고 배양작업을 시작한다.

(5) 약 4.5～5.5시간 배양하여 적정 pH 4.6에 도달하면 서서히 교반하면서 냉각수를 순환시켜 배약액을 20℃ 이하로 냉각시킨다.

(6) 미리 정치세정(CIP) 및 살균이 끝난 충진기를 배양탱크와 연결 후, 충진작업을 실시한다(150mℓ, 500mℓ, 1,000mℓ 용량).

(7) 라벨기에서 라벨 부착 및 소비기한(유통기한)을 인쇄 후 냉장창고로 이송, 보관한다.

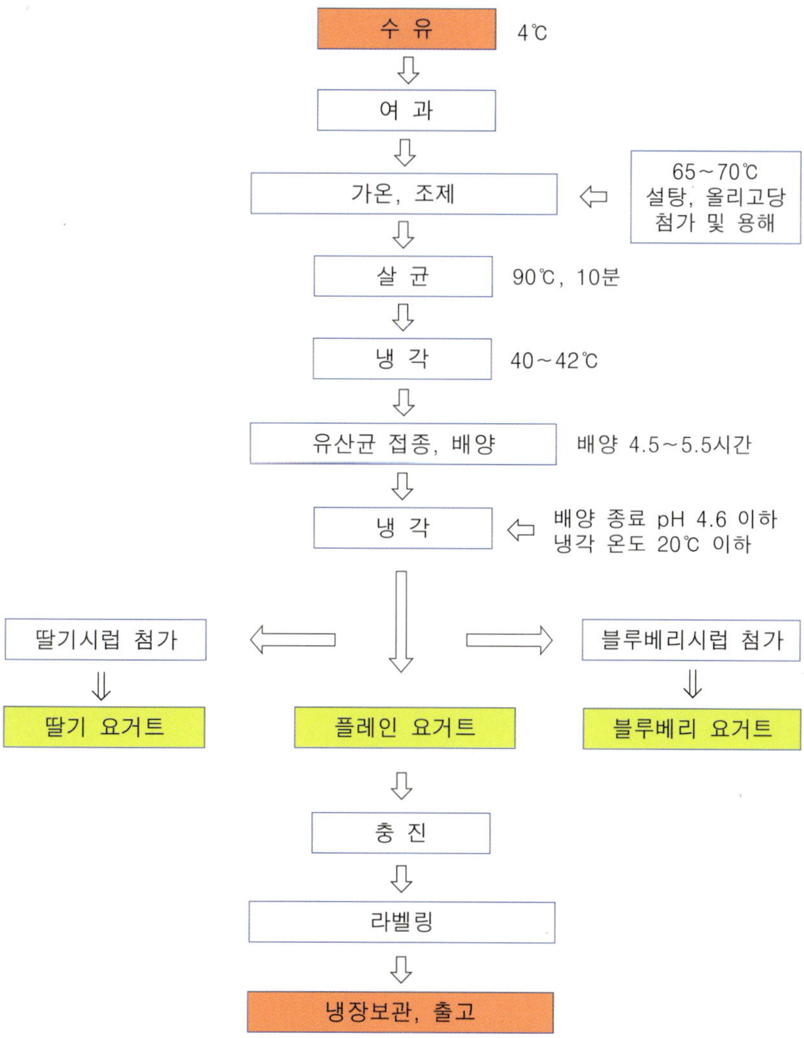

그림 7-15. 국내 목장형 유가공공장의 드링크 요구르트 생산 공정

그림 7-16. 목장형 드링크 요구르트 생산 공정도
(여과 → 수유 · 살균 · 냉각 → 유산균 접종 · 배양 · 냉각 → 충진 → 라벨링)

5.4 드링크 요구르트의 품질 특성

일반적으로 유업체에서 완제품 드링크 요구르트의 품질 규격은 적정산도 0.75~1.05%, pH 4.40~4.60, 당도(Brix) 17~21%, 비중 1.073~1.083 그리고 총고형분 함량 20.0~22.0%, 유산균수는 최저 1.0×10^9 cfu/mℓ 또는 9.0 log CFU/mℓ를 기준으로 설정하여 관리하고 있다.

국내에서 시판 중인 드링크 요구르트 4종을 분석한 결과 pH 3.71~4.08, 적정산도(titratable acidity) 0.99~1.05% 그리고 유산균수(CFU/mℓ)는 1.2×10^8~2.0×10^9 범위를 나타내었다(1994년). 또한 2018년 시판 드링크 요구르트 9종을 분석한 결과 pH 4.17~4.56, 총 산도(total acidity, lactic acid) 0.76~1.02% 그리고 총 당함량(total sugar, mg/g)은 21.85~92.15 범위를 나타내었다.

제8장

그릭 요구르트(Greek yogurt)의 특성

1. 그릭 요구르트(Greek yogurt)란?

일반적으로 요구르트는 비교적 높은 산도(acidity), 바람직한 풍미 성분, 다양한 관능 특성, 단백질, 지방, 탄수화물 및 무기질과 같은 필수 영양소의 이용 가능성 그리고 프리바오틱스 건강 효과 등으로 인해 전 세계적으로 유아에서 성인까지 매일 섭취하는 필수적인 음식으로 자리잡고 있다.

상업적으로 만들어진 그릭 요구르트가 널리 소개되면서 소비자들은 이의 독특한 조직 및 영양 특성 때문에 최근에는 일반 요구르트 보다 그릭 요구르트에 더 많은 관심이 집중되고, 소비 역시 증가 추세에 있다. 이러한 특성에는 부드럽고 매끄러워 버터처럼 퍼짐성(spreadability)이 우수한 조직 특성을 지닌 우유 같은 백색의 외관, 상큼한 산미(clean acidic flavor), 높은 단백질 함량과 최소한의 유청 배출을 통한 제품 품질을 향상시키는 것 등이 포함된다.

이러한 그릭 요구르트는 "Greek-style yogurt", "strained yogurt", "concentrated yogurt" 또는 "thick yogurt" 등의 다양한 명칭으로 사용되고 있다. 따라서 그릭 요구르트는 정상적인 발효액(일반 요구르트)으로부터 유청을 부분적으로 제거한 반고체형 발효 유제품으로 정의할 수 있으며, 일반 요구르트 대비 최종 제품의 총고형분 함량은 높고, 유당 함량은 낮다(유청과 함께 배출되기 때문).

그러면 일반 요구르트와 일반 요구르트와의 차이점은 무엇인가? 일반 요구르트는 살균 후에 배양온도로 냉각, 유산균을 첨가하여 pH가 약 4.6에 도달할 때까지 배양한 다음 냉각을 한다. 반면에 여과(strained) 또는 농축(concentrated) 요구르트로도 부르고 있는 그릭 요구르트는 일반 요구르트에서 유청(whey)과 기타 수분 등의 성분을 제거하여 만든 제품이다.

여과 공정에서 유청 배출로 인체 제품의 전체 부피가 감소되기 때문에(3배 농축, 1리터 우유로 약 330g의 그릭 요구르트 생산) 그릭 요구르트는 1회 작업당 같은 물량의 생산을 위해서는 일반 요구르트 보다 훨씬 더 많은 우유를 필요로 한다.

그림 8-1. 실험실에서 만든 그릭 요구르트 농축물과 유청 (2021년 7월, 필자)

그릭 요구르트의 전통적인 생산 방식은 면포로 만든 주머니에 배양액을 담아 1/3 수준까지 유청을 배출하지만, 근대적인 방식은 원심분리(centrifugation)를 이용하거나 또는 원유에 탈지분유 등의 건조 분말을 추가로 첨가하여 농후화시켜 만든다(fortified 또는 Greek-style yogurt). 그릭 요구르트의 제조업체마다 최종 제품의 특성에 따라 차이는 있으나, 최종 수율은 43.0～45.0% 수준이다.

대부분의 액체 성분이 제거되기 때문에 그릭 요구르트는 일반 요구르트보다 훨씬 농후한 조직을 지니며, 또한 더 많은 우유를 필요로 하기 때문에 가격 역시 일반 요구르트보다 비싼 것이 특징이다.

2. 그릭 요구르트의 진화(기원 및 전파 과정)

이미 언급한 바와 같이 그릭 요구르트는 역사가 오래된 영양성분이 풍부하고 맛있는 그리고 그리스인뿐만 아니라 세계 대부분의 사람들에게 인기가 매우 높은 요구르트의 한 종류이다. 그리스에서 요구르트에 대한 기록은 기원전 5세기경 역사가인 헤로도토스(Herodotus)의 저술로 시작되지만, 실제로 스트레인 요구르트(그릭 요구르트)의 제조과정은 중동의 한 지역에서 시작된 것으로 추정하고 있다.

그리스에서는 이 스트레인 요구르트는 스트라기스토(straggisto)라고 불리며, 올리브, 피클, 올리브 오일, 채소(양파, 오이, 토마토) 그리고 종종 치즈와 함께 식빵 위에 발라 먹는 그리스 전통 소스인 차지키(tzatziki)를 만드는 데 사용된다.

전통적으로 그릭 요구르트는 중동 지역 국가에서 중요한 식품의 하나였으며, 투르게스탄(Turkestan), 발칸(Balkan), 동지중해 및 인도 아대륙(Indian subcontinent) 지역 모두는 전통적인 그릭 요구르트를 생산하는 유명한 역사를 가지고 있다.

표 8-1. 각국에서 사용하는 그릭 요구르트에 대한 전통적인 명칭

전통적인 명칭	국가 및 지역
Labneh, Labaneh, Lebneh, Labna	동지중해
Ta, Than	아르메니아
Straggisto, Sakoulas, Tzatziki	그리스
Laban zeer	이집트, 수단
Torba, Suzme	터 키
Syuzma	러시아
Mastou, Mast	이란, 이라크
Basa, Zimne, Kiselo, Mleko-slano	불가리아, 유고슬라비아
Ititu	에티오피아
Greek-style	영 국
Chakka, Shrikhand	인 도
Ymer, Ylette	덴마크
Skyr	아이슬란드

그림 8-2. 국내에서 생산 및 수입, 판매되고 있는 그릭 요구르트 제품

고대 시대에 그릭 요구르트는 일반 요구르트를 동물 가죽에 담아 유청을 배출한 것으로부터 기원하였다. 즉 발효유를 동물 가죽에 담아 보관하면서 소비를 한 것으로 추정되며, 이 과정에서 액체 성분이 가죽에 흡수되어 발효유의 자연스런 농축과 증발이 이루어졌다.

3. 그릭 요구르트의 품질 특성

그릭 요구르트(strained yogurt)는 일반 요구르트 대비 높은 유산 농도를 지니고 있어 적정 산도는 1.8~2.0% 수준이다. 높은 유산 농도로 인해 병원성 미생물의 성장이 억제되어 보존성을 높일 수가 있으나 효모, 곰팡이 및 일부 유산균에 의한 변질은 여전히 문제로 남아 있다.

참고로 국내에서 생산 시판되고 있는 발효유의 적정 산도는 액상 요구르트 0.4~0.9%, 호상 요구르트 0.55~1.3%(pH 4.18~4.60) 그리고 드링크 요구르트는 0.8~1.1%(pH 4.4~4.6) 범위를 나타내고 있다.

농축 요구르트는 7℃ 온도에서 약 2주간 보존이 가능하며, 높은 유산 농도로 인해 발생하는 강렬한 맛은 발효공정 중에 생성되는 diacetyl과 최대 약 10%의 지방함량에 의해 어느 정도 상쇄가 된다.

영양성분 함량은 일반 요구르트 대비 단백질은 2.5배, 무기질 함량은 1.5배 이상 높고 또한 높은 생균수를 유지하는 것으로 알려져 있다. 그릭 요구르트의 성분 조성은 연구자들 별로 차이가 있으나, 일반적으로 영양성분은 총고형분(total solids) 23~25%, 단백질 9~10%, 지방 0~10%, 당 성분 3.5~4.0% 그리고 적정산도 1.4~2.8% 또는 1.8~2.0%, pH 3.6~4.0으로 보고되어 있다.

표 8-2. 스트레인(strained) 요구르트의 영양성분 조성

성 분	전유, % (full-fat)	저지방, % (low-fat)
총고형분	22.0	14.3
단백질	4.9	9.9
지 방	10.1	0.2
탄수화물	6.0	3.5
무기질	1.0	0.6

※ Ca(100~115 mg/100g)

4. 그릭 요구르트(Greek-style yogurt) 일반 제조공정

대부분의 농축 요구르트에 대한 소비자 선호도는 제품의 관능 특성에 의존하는데, 이는 실제로 원료의 처리 및 제조공정에 따라서 큰 영향을 받는다. 적용된 제조공정에 따라 그릭 요구르트는 프로바이오틱스 미생물 함유 수준이 전통 요구르트보다 10배 더 높을 수가 있다. 한편, 그릭 스타일 요구르트 시장의 높은 수요와 시간이 많이 소요되는 유청배출 공정으로 인해 제조자들은 수분을 유지하는 친수성 콜로이드 문제를 해결하기 위해 한외여과(UF, ultrafiltration)나 원심분리(centrifugation) 방법을 도입하게 되었다.

한외여과 또는 원심분리 공정을 통하여 생산된 신선한 그릭 스타일 요구르트는 제조시간의 현저한 단축은 물론 일반 교반형 요구르트(stirred yogurt)보다 *Lb, helveticus*와 *Str. thermophilus*의 함유 수준이 3~7배 높은 것으로 나타났다. 그릭 스타일 요구르트 원료와 제조공정 역시 일반 요구르트와 유사하며(기본 원료는 우유와 스타터 컬처), 단지 발효 종료 후에 추가적으로 실시하는 여과공정(straining process)만이 다를 뿐이다.

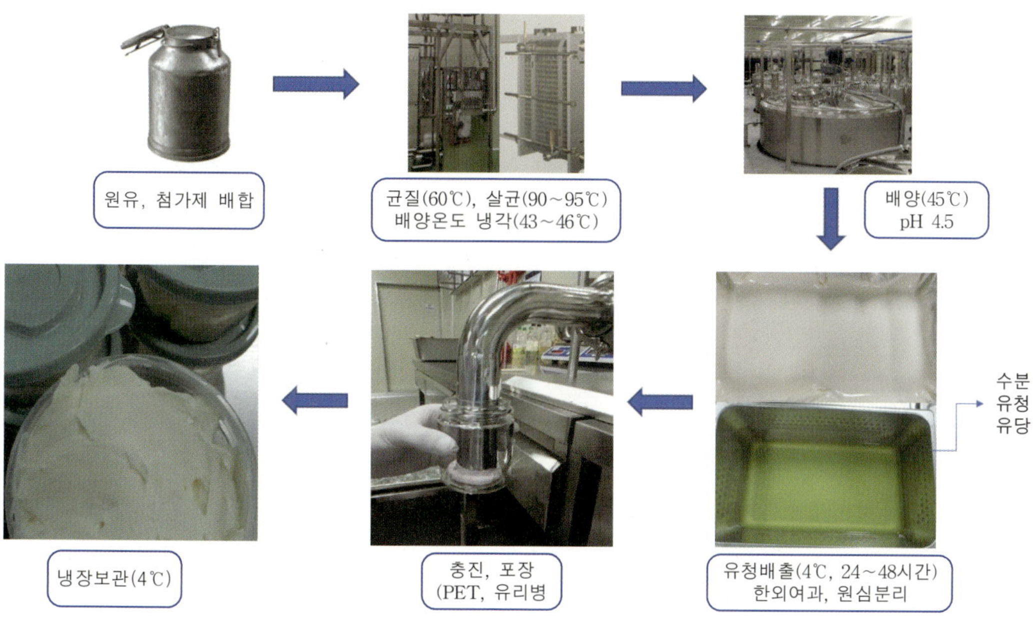

그림 8-3. 그릭 스타일(Greek-style) 요구르트의 일반적인 제조 공정도

4.1 전통적 제조방법(traditional method)

전통적인 면포 주머니(cloth bag)를 사용하는 여과법의 기본 원칙은 원하는 수준의 총고형분(total solids) 함량에 도달할 때까지 플레인 요구르트에서 유청(수분)을 추출하는 것이다.

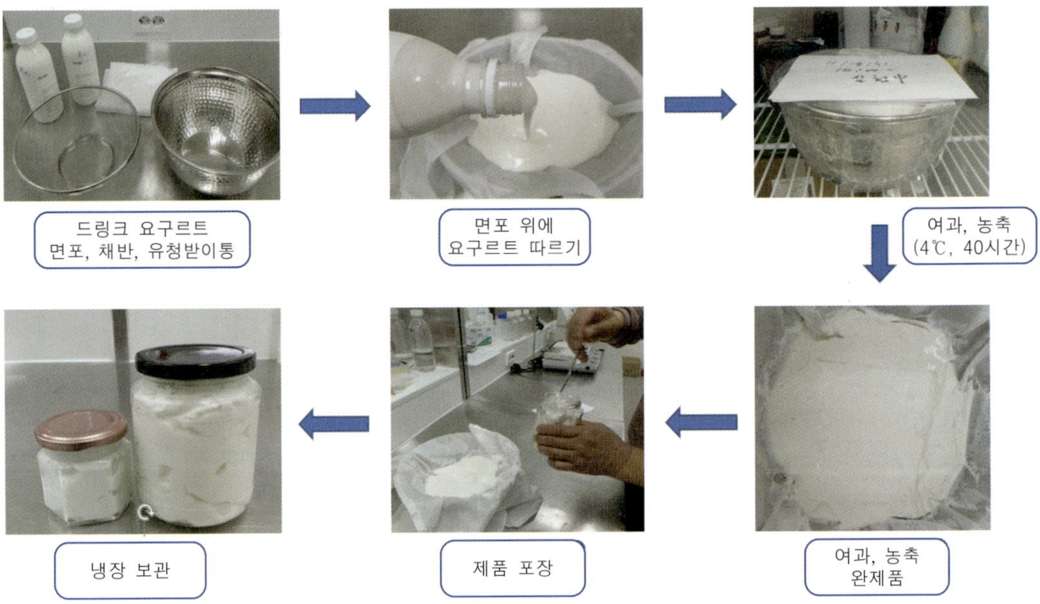

그림 8-4. 홈메이드(home made) / 실험실 그릭 스타일 요구르트 제조공정

그림 8-5. 소규모 공장에서 사용하는 유청 배출 기구
(면포, 채반, 유청받이통, 덮개)

여과공정(straining process)은 목표로 하는 총고형분 함량에 따라 4~10℃에서 24~48 실시하는 것이 일반적이다. 이 과정을 통하여 그릭 요구르트의 총고형분 함량은 14%에서 최대 약 21~23%까지 증가하게 된다. 또한 점도 역시 매우 농후한 상태로 전환되고, 전유로 제조한 제품의 지방함량은 약 10%까지 증가한다.

유청 분리는 중력에 의한 배출(소규모 생산시) 또는 압착방식(대량 생산시) 약 25kg 용량의 주머니를 쌓는 방법(bag piling)을 사용하며, 요구르트에 약 2 kg/kg의 압력을 직접 가할 경우에는 배출시간이 6시간까지 단축될 수도 있다.

전통적 방식으로 제조된 그릭 요구르트의 관능 특성은 우수하지만 유청 배출과정이 느리고, 과도한 노동력이 필요하며, 제조 공정상 비위생적이고 또한 긴 시간이 소요되기 때문에 대량생산 공정에는 적합하지가 않다. 따라서 면포 주머니를 이용, 중력에 의해 유청을 배출하는 방법 대신에 원심분리와 막여과(membrane filtration) 방식을 채택하게 되었다.

그림 8-6. 그릭 스타일 요구르트의 전형적인 유청 배출 과정
(Christianto 등, 2020)

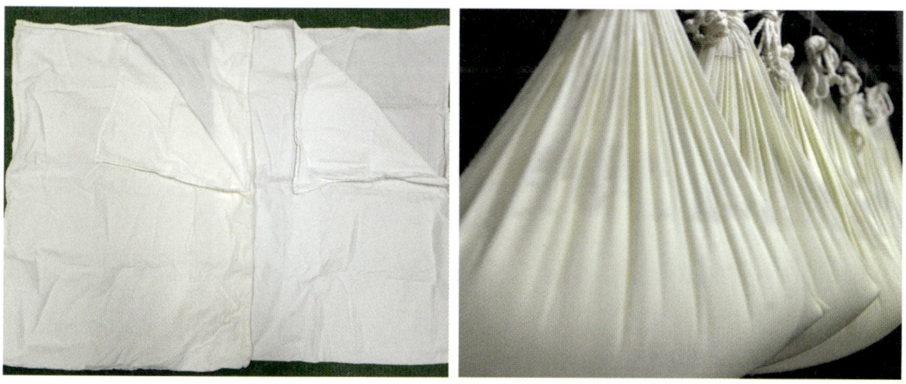

그림 8-7. 면포 주머니(cloth bag)를 이용한 유청 배출(20kg)

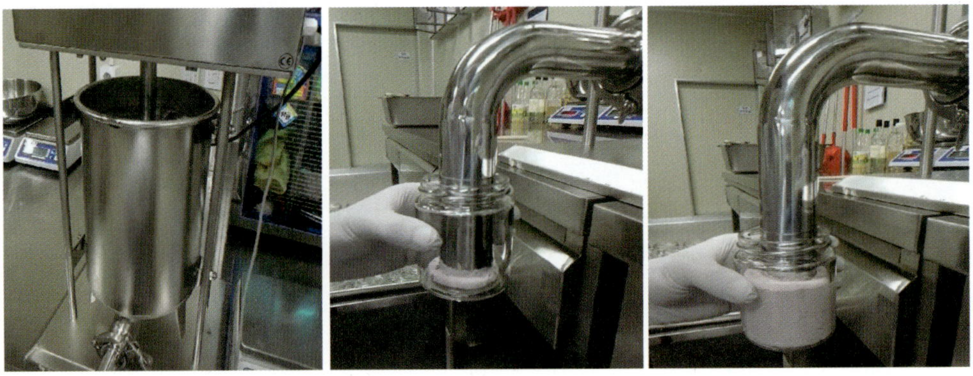

그림 8-8. 그릭 요구르트 충진용 압착식 호퍼 및 충진 장면

4.2 원료의 환원 또는 재조합(recombination)을 통한 고형분 증량

환원 유제품(recombined milk product)은 적절한 유제품의 성분 조성을 위해 물로 환원 또는 물을 사용하지 않고 우유에 유지방과 무지유고형분(milk solids-non fat) 원료를 첨가하여 환원시킨 제품이다.

농축 요구르트를 만드는 과정에서 유청배출 단계를 생략하기 위해서 환원 유가공 원료를 추가로 첨가하여 만드는 것이 가능하다. 이 공정은 최종 제품에 요구되는 총 고형분 함량의 수준까지 물에 분말류를 환원시켜 여기에 무수유지방(anhydrous milk fat)과 안정제 등을 첨가, 혼합한다. 환원 및 조제 작업이 완료되면 추가적인 공정은 전통적인 요구르트 제조와 비슷한 방법으로 진행이 된다.

요구르트 제조 시 제품의 총고형분 함량을 증가시키는 방법으로는 탈지분유를 가장 많이 이용하였다. 이후 단백질 함량이 매우 높은 탈지유 농축물(skim milk retentate), 전유 농축물(whole milk retentate), 유청단백질 농축물(whey protein concentrate) 및 인스턴트 카제인염(instant-type caseinate) 등이 널리 사용되고 있다.

우유 베이스 배합비에 단백질 원료를 강화(fortification) 하는 목적은 제품의 조직 특성을 개선함은 물론 영양 및 기능성을 증진시키는 데 있다. 강화 수준은 탈지분유 1.4~2.0%, 유청단백질 농축물 0.5%, 그리고 카제인 나트륨(Na-caseinate) 0.5% 범위이다.

4.3 기계적 분리(mechanical separation)

스트레인 요구르트(strained yogurt)의 대량 생산에는 기계적인 분리 방식이 이용되며, 노즐형(nozzle separator) 또는 크박(Quarg) 분리기가 주로 사용이 된다. 과거에 사용하였던 이 방식은 전유를 사용하는 경우 지방구로 인하여 분리기 노즐의 막힘

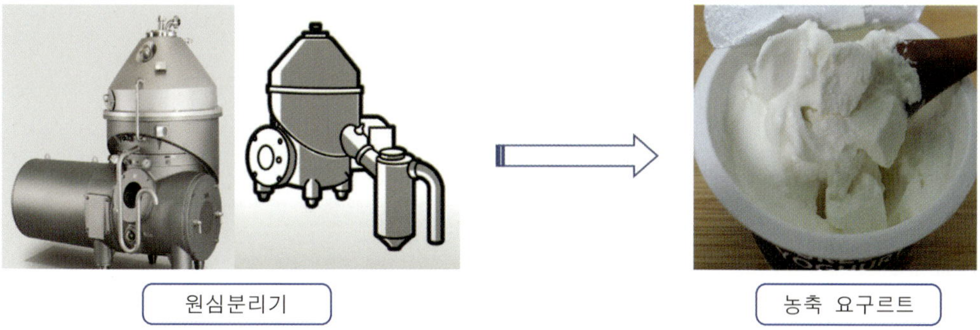

그림 8-9. 원심분리 방식을 이용한 농축 요구르트 생산

(clog) 현상이 발생하기 때문에 주로 탈지유로 만드는 요구르트 공정에 이용되었다. 그러나 최근에 개발된 원심분리기(centrifugal separator)로는 전유로 만든 스트레인 요구르트 생산도 가능하게 되었다.

원심분리에 의한 농축 요구르트 생산은 2단계 공정을 거친다. 먼저 원하는 수준까지(pH 4.6~4.8) 발효공정을 거친 후, 강하게 교반하면서 55~60℃ 가온하여 유산균 스타터를 불활성화 시킨 다음 40℃로 냉각한다(적정산도 조절).

다음은 미세한 금속 체(metal sieve)를 통과시켜 교반 과정에서 분쇄가 안 된 다소 큰 응고물 덩어리 등을 제거한다. 또한 유청분리 효율을 높이기 위해 원심분리기로 이송 전에 약 15~20분간의 탈기공정을 거친다. 분리기 내에서 원하는 수준의 총고형분 함량까지 농축이 되어 배출이 되면 최종적으로 지방 또는 크림과 혼합, 냉각 후 포장공정으로 이송된다.

4.4 막 여과공정(mebrane filtration process)

최근에는 한외여과(UF, ultrafiltration) 방식을 이용한 농축 요구르트 생산이 20~25년 전부터 유가공 분야에 효율적으로 이용되고 있다. 한외여과를 통하여 우유 베이스의 총고형분 함량을 13.8%까지 농축한 경우, 그릭 요구르트는 단단한 조직감, 낮은 유청분리 그리고 높은 단백질 및 지방 함량의 특성을 지닌 것으로 나타났다.

발효공정이 종료된 후 약 40℃ 전후의 요구르트를 58~60℃에서 3분간의 간이살균(thermization) 처리를 통하여 유산균 스타터를 불활성화 시킨다. 이어서 약 40℃로 냉각한 다음 2~4단의 한외여과 설비를 통과시켜 농축작업 후 20℃로 냉각한 다음 포장공정으로 이송한다.

그림 8-10. 막(membrane) 여과 방식을 이용한 농축 요구르트 생산

제9장

케피어 요구르트(Kefir yogurt)의 특성

1. 케피어 요구르트(Kefir yogurt)란?

케피어(Kefir)는 중동 지역에서 인기가 있는 전통 발효 유음료이다. 현재 우리가 일반적으로 부르는 "케피어(Kefir)"라는 단어는 좋은 느낌 또는 좋은 감정(good feeling)을 의미하는 터키어 "Keyif"에서 유래되었으며, 이는 케피어를 마실 때 느끼는 전반적인 건강과 웰빙(well being)에 대한 감각을 포함하고 있다. 원래 케피어는 북부 코카서스 산악지방(Cauccasus mountains)에서 기원한 발효 유제품으로서, 중동을 포함한 동유럽 및 러시아 지역에서 널리 소비되고 있는 발효유의 일종이다.

다른 발효유와는 달리 케피어는 유산균 스타터를 사용하지 않고, 케피어 그레인(Kefir grain)을 접종하여 배양한다. 이때 케피어 그레인의 외부로는 효모(yeast)가 둘러싸고, 내부로는 유산균(LAB, lactic acid bacteria)이 혼재되어 공생관계를 이루는 점성 물질의 다당류로서 황백색의 팝콘 형상의 부정형이며, 우유내의 수분을 흡수하여 부피가 증가하는 특성을 지니고 있다.

케피어 그레인에 분포하는 주요 균종으로는 Lactobacilli(*Lactobacillus acidophilus*), Lactococci(*Lactococcus lactis* subsp. *lactis* & *cremoris*), Streptococci(*Streptococcus cremoris* & *durans*), Acetic acid bacteria(*Acetobacter aceti* & *lovaniensis*), 기타 미생물(*Bacillus* sp., *Bifidobacterium bifidum*, *Enterococcus durans*) 그리고 효모(*Candida albicans, Kluyveromyces lactis, Saccharomyces cerevisiae*) 등을 함유하고 있다.

한편, 우리나라에서도 코카서스에서 온 유럽 전통 발효유(일명 티벳 버섯)라는 홍보 아래 케피어 제품이 생산 판매되고 있다. 케피어 그레인(Kefir grain)은 일명 티벳 버섯(Tibetan mushroom)이라고도 하며, 실제 버섯이 아니고 전자현미경으로 살펴보면 원형의 다당류 집락에 골이 파여 있는 형상이 버섯과 유사하여 붙여진 이름이다.

케피어는 케피어 그레인으로 발효를 시켜서 만드는데, 산과 알코올 발효가 동시에 진행되며, 발효 종료 시에는 0.6~1.0%의 유산과 0.6~2.0% 수준의 에탄올 그리고 다량의 탄산가스를 함유하고 있어 케피어 특유의 향취와 맛을 지니게 된다. 발효과정에서 생성되는 휘발성 지방산, diacetyl 및 acetaldehyde 등이 케피어 특유의 풍미에 영향을 미친다. 또한 케피어 발효유는 필수 아미노산 이외에도 일반 유산균 발효 유제품과 달리 효모와 유산균에 의해 생성된 biotin, niacin, pyridoxine 및 folic acid와 같은 비타민 B군을 풍부하게 함유하고 있다.

그림 9-1. 미국에서 판매 중인 케피어 제품
(2022년 10월, 시애틀, 농협사료 금명철 및 앤틀러 장하라 제공)

2. 케피어의 기원 및 특징

2.1 기원(origin)

케피어는 기원전 2,000년 이전에 이미 케피어 그레인을 이용하였던 코카서스 북부, 티베트 또는 몽골의 산악지방에서 기원하였으며, 전통적으로 이들 사이에서 세대에서 세대를 통하여 전해져 왔다. 또한 코카서스 부족들은 케피어 그레인을 집안의 부의 원천으로 여겨 왔다.

케피어는 특이한 발효 유제품으로서, 케피어라는 단어는 좋은 느낌 또는 좋은 감정(good feeling)을 의미하는 터키어 “Keyif” 또는 웰빙을 의미하는 슬라브어 “Kief”에서 유래한 것으로 알려져 있다. 케피어 제품은 이미 수천 년 전부터 구소련 연방의 코카서스 북부지역, 러시아 및 중앙아시아 지역에서 널리 이용되어 왔다.

최초의 케피어 그레인의 기원이나 케피어 제품이 처음 만들어진 시기에 관한 기록은 아직까지는 없다. 그러나 케피어 그레인이 처음 만들어진 곳은 러시아의 코카서스 북부 산악 지방에 거주하던 부족들로부터 기원한 것으로 추정하고 있다. 이는 현재의 흑해와 카스피해 사이의 동서부 지역을 의미한다.

현재에도 이 지역에서는 Kephir, Kiaphur, Kefyr, Kefer, Knapon, Kepi 및 Kippe 라는 다양한 이름의 케피어 제품이 생산되고 있다. 터키 및 대부분의 유럽지역에서는 "Kefir"로 알려져 있다. 이 신선한 발효유는 전통적으로 터키 가정에서 일상적인 음료로 음용되고 있다. 또한 케피어는 코카서스 산악지역에 거주하는 무슬림(Muslim) 사람들 사이에서는 알라(Allah)로부터 온 선물로 여겨져 왔다.

원래 케피어는 조절되지 않은 조건에서, 양의 가죽 주머니에서 연속적인 발효과정을 통하여 만들었다(신선한 우유가 발효유로 전환). 수십 년부터 발효 유제품, 특히 케피어의 소비 증가는 코카서스 지역 사람들이 장수하는 이유의 한가지로 믿기 시작하면서 부터이다. 케피어는 동부 및 중앙 유럽 그리고 핀란드, 노르웨이 및 스웨덴 지역에서 널리 제조되고 있다.

2.2 특 징

최종 케피어 제품의 풍미, 점도 및 미생물 및 화학적 성분 조성은 우유에 접종하는 케피어 그레인의 비율, 발효공정 중의 교반 정도, 숙성 및 냉각단계에서의 온도 등에 의해서 영향을 받는다.

케피어 제조에 가장 중요한 케피어 그레인은 천연의 스타터 컬처로서의 역할을 하며, 발효가 종료되면 여과(straining) 과정을 통하여 회수한다. 이들 그레인은 다당류와 단백질 기질(protein matrix)에 고정화된 미생물로 구성되어 있으며, 여러 종의 미생물과 효모가 공생관계 속에서 공존(coexist)하고 있다.

이 생태계에는 비교적 안정화된 미생물 집단이 존재하는데, 이들은 상호작용을 통하여 다른 미생물군에 영향을 미치게 된다. 이러한 생태계는 그레인의 성장과 병원성 미생물의 생육과 오염을 억제하는 데 필수적인 생물활성 대사산물을 합성한다.

케피어 그레인은 작은 꽃양배추(cauliflower)의 꽃송이를 닮았다. 직경이 0.3～3cm 이고, 가장자리는 불규칙한 다소엽성(multilobular)의 표면에 백색～황백색의 색상을 띠고 있으며, 다소 끈적끈적하지만 조직은 단단하다.

그레인은 매일 신선한 우유로 옮겨서 약 20시간 동안 증식시켜 연속적으로 생존이 가능하다. 이 기간 동안 그레인은 자체 질량(mass)을 약 25%까지 증가시킬 수가 있다. 장기간 보관되었거나 건조한 케피어 그레인은 복제 능력이 거의 또는 전혀 없기 때문에 그레인의 생존성(viability)을 지속적으로 유지하기 위해서는 위와 같은 방식으로 복제 또는 증식되어야 한다.

꽃양배추 케피어 그레인(백색) 케피어 그레인(황백색)

그림 9-2. 꽃양배추와 케피어 그레인의 외형

케피어 그레인은 집에서 매일 신선한 우유를 가지고 증식시키며, 실온 또는 4℃에서 3개월간 저장한 그레인은 신선한 그레인과는 다른 미생물학적 성상을 지닌다. 또한 그레인을 물로 세척하면 생존성이 저하된다. 그레인을 사용한 케피어의 상업적인 생산 작업에서는 그레인은 매일매일 사용 가능한 상태의 활성을 유지해야 하며, 우유를 발효시키는 능력이 손상된 경우에만 그레인을 교체해야 한다.

케피어는 균일한 크림상 조직에 약간의 산미가 나는 발효 유음료(fermented milk beverage)이다. 이미 언급한 바와 같이 우유의 발효는 케피어 그레인에 의해 이루어진다. 이들 그레인은 케피란(Kefiran)이라 부르는 다당류 기질(polysaccharide matrix) 내에 존재하는 작은 미생물 클러스터(cluster)를 의미한다. 그레인 자체는 단백질, 지질 및 가용성 다당류의 복합체이며, 엄밀한 의미에서 케피란은 *Lactobacillus kefiranofaciens*에 의해 생성된 수용성 글루코갈락탄(glucogalactan)이다.

케피어 그레인에는 다양한 종류의 미생물 균종(species)이 존재한다(효모와 일반 미생물). 케피어에서 유산균은 주로 우유에 존재하는 유당을 유산으로 전환시키는 역할을 하며, 이로 인해 pH가 감소하고 우유의 보존성이 증가하게 된다. 다른 미생물 균종으로는 에탄올과 이산화탄소를 생성하는 유당발효성 효모가 있다. 이 외에도 비유당발효성 효모와 아세트산균(AAB, acetic acid bacteria)도 이 케피어의 발효공정에 관여한다.

발효 후에 그레인은 바이오매스(생물량, biomass)의 약 5~7%가 증가한다. 우유 내에서 성장하는 동안 그레인의 미생물 구성은 최종 제품에 존재하는 미생물 비율과는 차이가 난다. 이러한 차이는 발효시간, 온도, 교반 정도, 우유의 종류, 그레인 접종 비율 및 미생물 분포와 같은 발효조건과 관련이 있다. 미생물의 분포는 일반적으로 발효 조건의 영향을 받으며, 케피어 그레인에서 유산균은 효모의 10^5~10^6 cfu/mℓ보다 높은 수준으로 존재한다(10^8~10^9 cfu/mℓ).

효모는 아미노산 및 비타민과 같은 성장에 필요한 필수 영양소의 제공, pH 변화, 에탄올 분비 및 이산화탄소의 생성 같은 중요한 역할을 한다. 그레인에 존재하는 효모는 케피어 내 미생물의 성장 환경을 제공하여 케피어의 풍미와 미각에 기여하는 대사산물을 생성한다.

한편, 일명 티벳 버섯(Tibetan mushroom)으로도 불리는 티벳 케피어 그레인(이하 TKGs, Tibetan Kefir grains)은 티벳 및 중국에서 사용하는 독특한 유제품 스타터이며, 코카서스 산악지역에서 유래한 것과 동일한 케피어 과(family)에 속한다.

일반적으로 TKGs는 단백질, 지질 및 다당류 기질 내에 유산균(주로 *Lactobacillus, Lactococcus*), 효모 및 종종 아세트산균을 포함하고 있다. 티벳 케피어는 TKGs를 이용해 만든 발효유의 한 종류이다. 이는 또한 티벳에서 인기 있는 요구르트의 일종으로, 상당히 산성이며, 약간의 알코올 맛이 있고, 다소의 효모 풍미와 크림상의 조직을 지니고 있는 것이 특징이다.

티벳의 전통적인 알코올 발효 유음료이지만, 현재는 티벳, 중국 전역에 걸쳐 일종의 홈메이드 형태의 유사한 제품이 널리 만들어지고 있다. 또한 대만, 러시아, 터키, 브라질, 아르헨티나, 한국, 독일, 아일랜드, 포르투갈 및 프랑스와 같은 다른 지역 및

표 9-1. 케피어와 케피어 그레인의 미생물 성상

균종(species)	균주(strains)
Lactobacilli	*Lactobacillus kefir, L. delbrueckii, L. kefiranofaciens, L. rhamnosus, L. kefirgranumn, L. casei, L. parakefir, L. paracasei, L. brevis, L. fructivorans, L. plantarum, L. hilgardii, L. helveticus, L. fermentumr, L. acidophilus, L. viridescensr*
Lactococci	*Lactococcus lactis* subsp. *lactis, Lactococcus. lactis* subsp. *cremoris*
Streptococci	*Streptococcus thermophilus*
Enterocicci	*Enterococcus durans*
Leuconostocs	*Leuconostoc* sp., *Leuconostoc mesenteroides*
Acetic acid bacteria	*Acetobacter* sp., *Acetobacter pasteurianus, Acetobacter aceti*
Other bacteria	*Bacillus* sp., *Micrococcus* sp., *Bacillus subtilis, Escherichia coli*

국가에서도 유사한 케피어 음료가 건강증진 효과와 관련하여 인기를 얻고 있다. 높은 영양성분 외에도 케피어는 면역체계 강화, 소화기관의 건강 증진, 항균(antimicribial), 항종양(antitumoral) 및 항산화(antioxidant) 효과 등과 같은 다양한 건강상의 이점을 제공하는 것으로 알려져 있다.

표 9-2. 케피어와 케피어 그레인의 주요 효모

Candida friedrichii, Candida pseudotropicalis, Candida tenuis, Candida inconspicua, Candida maris, Candida lambica, Candida tannotelerans, Candida valida, Candida kefyr, Candida holmiij
Saccharomyces sp., *Saccharomyces cerevisiae, Saccharomyces unisporus, Saccharomyces exiguus, Saccharomyces turicensis, Saccharomyces delbrueckii, Saccharomyces dairensis*
Kluyveromyces marxianus
Pichia fermentans
Torulaspora delbrueckii
Brettanomyces anomalus
Issatchenkia occidentalis

그림 9-3. 국내에서 판매 중인 케피어 제품(플레인)

3. 제조 공정

케피어는 젖소, 염소, 양, 낙타 또는 물소 젖의 전유(whole milk), 저지방 우유(semi-skimmed milk) 또는 탈지유(skimmed milk)를 가지고 만들며, 일반적으로 젖소 젖(우유)을 가장 많이 사용하고 있다. 케피어 그레인은 스타터 컬처로서 발효 대상물질(기질)에 첨가가 된다. 발효 기질에 대한 그레인의 첨가 비율은 우유의 경우 30 : 1 ~ 50 : 1(w/v)이 이상적이지만, 실제로는 축적된 경험과 기술에 의해 이루어진다. 발효 조건은 일반적으로 부분적으로 밀폐된 용기에서 8 ~ 25℃의 온도로 10 ~ 40시간이 소요된다(발효 온도와 시간은 가변적). 그러나 가장 일반적인 배양시간은 24시간이 적용된다.

발효가 끝나면 그레인은 체(sieve)를 이용, 여과시켜 발효유로부터 분리한다. 우유를 기질로 사용하면 케피어는 일반 요구르트와 비슷하고, 우유의 지방 함량이 높을수록 농후한 크림상의 조직을 지닌다. 다음의 케피어 생산을 위한 그레인의 준비가 필요하기 때문에 지속적인 생산을 가능하게 하는 새로운 바이오매스를 형성하기 위해 그레인은 원래 보다 약 2%까지 크기가 증가할 수 있다.

최근에는 순수 스타터나 동결건조 컬처(lyophilised culture)를 사용하여 번거로운 케피어 그레인의 회수공정을 거치지 않는 방법도 이용되고 있다. 케피어를 생산하는 방법에는 여러 가지가 있다. 일반적으로 전통 방식 및 산업적인 공정이 적용되며, 현재 식품 전문가들은 전통적인 케피에서 발견되는 것과 동일한 특성을 지닌 케피어 생산을 위한 신기술을 계속 연구하고 있다.

3.1 전통적 제조방식

전통적인 방식은 케피어 그레인을 직접 투입하여 케피어를 만든다. 원유를 끓인 다음(boiling) 20 ~ 25℃로 냉각한다. 이어서 2 ~ 10% 수준(통상 5%)에서 케피어 그레인을 접종한다. 20 ~ 25℃에서 18 ~ 24시간 배양 후(배양 종료 pH 4.5 ~ 4.6)에 체 또는 여과망 등을 이용하여 그레인을 분리하고, 다음 생산에 사용을 위해 실온에서 건조시키거나 냉장 보관한다. 생산된 케피어는 즉시 음용하거나, 4℃에 보관하면서 이용할 수 있다.

3.2 산업적 제조방식

케피어의 산업적 제조방식은 전통적인 방식과는 다소 공정이 사용될 수 있으나, 기본적으로는 동일한 원리가 적용된다. 먼저 우유를 고형분 함량 8%로 표준화 시켜 균

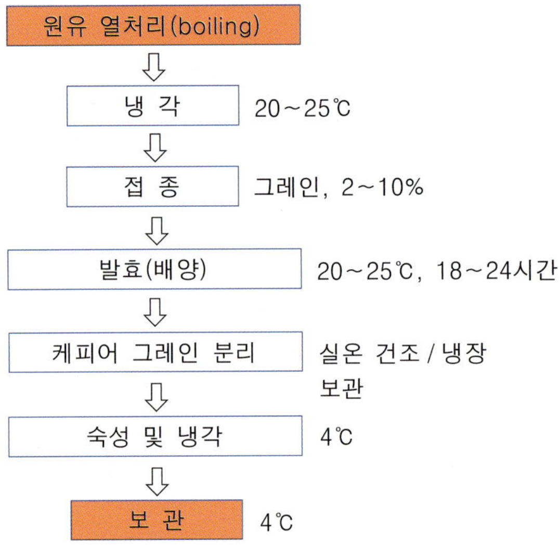

그림 9-4. 전통적 방식의 케피어 제조 공정도

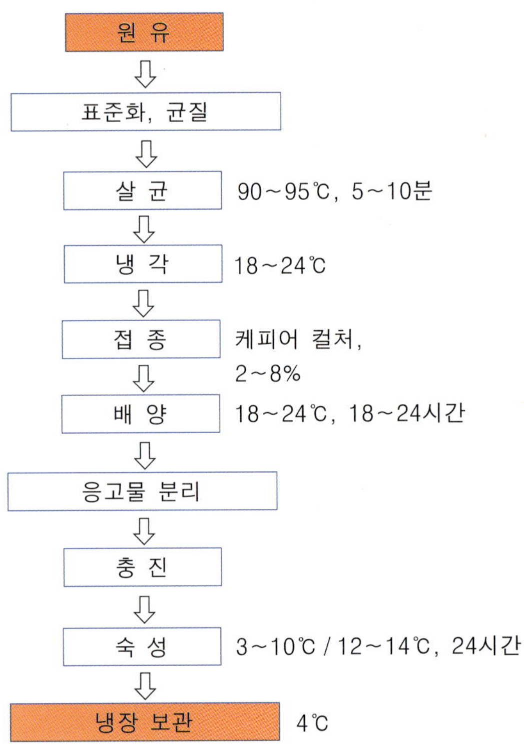

그림 9-5. 산업적 방식의 케피어 제조 공정도

질 후 90~95℃에서 5~10분간 열처리 한다. 이어서 배양온도인 18~24℃ 냉각, 2~8% 수준의 케피어 컬처(미생물 스타터)를 접종하고 18~24시간 배양한다. 배양이 종료되면 응고물 분리(그레인 회수) 후 3~10℃ 또는 12~14℃에서 24시간 숙성 과정을 거친다. 용기에 충진하여 4℃ 냉장 보관한다.

케피어 생산은 케피어 그레인의 독특하고 다양한 미생물상(microflora), 우유의 종류, 배양시간 및 저장조건 등과 관련한 문제에 직면해 있다. 제품의 관능 특성, 물리화학적 특성 및 품질 특성 등이 산업적 측면에서 케피어 대량 생산의 방해 요인이 되었다. 이러한 제한은 최종 제품의 품질에 영향을 미치는 미생물의 다양성과 상호작용에 기인하기 때문이다.

4. 케피어의 영양학

케피어 그레인은 서로 다른 매우 다양한 종류의 미생물과 효모로 구성되어 있다. 케피어 최종 제품에서 발견되는 우세균인 유산균 lactobacilli에는 *Lactobacillus paracasei* subsp. *paracasei, Lactobacillus acidophilus, lactobacillus delbrueckii* subsp. *bulgaricus, Lactobacillus plantarum* 및 *Lactobacillus kefiranofaciens* 등이 20%를 차지하지만, 나머지 80%는 *Lactobacillus kefiri*로 확인되었다. 또한 케피어 음료와 그레인 모두에 존재하는 우세 효모로는 *Saccharomyces cerevisiae, Saccharomyces unisporus, Candida kefyr* 및 *Kluyveromyces marxianus* 등으로 나타났다.

케피어의 영양성분 조성은 매우 다양한 요인에 의해 결정되며, 이는 주로 원료유의 종류와 지방함량, 그레인 또는 컬처의 성분, 배양시간과 온도, 케피어의 기술적인 제조방법 및 제품의 저장조건 등의 영향을 받는다. 발효공정 중의 주요 생성물로는 유산(lactic acid), 이산화탄소 및 알코올이고, 방향성 물질인 diacetyl 및 acetaldehyde 역시 케피어에 함유되어 있다. Diacetyl은 *Str. lactis* subsp. *diacetylactis*와 *Leuconostoc sp.*에 의해 생성되며, 케피어의 최종 pH는 4.2~4.6 범위이다.

표 9-3. 머더 컬처, 케피어 그레인 및 케피어 제품의 미생물 분포 (log CFU/g)

구 분	Lactococci	Lactobacilli	Yeasts
케피어 그레인	7.37	8.94	8.30
머더 컬처 (수세 그레인)	8.43	7.65	5.58
케피어 드링크	8.54	7.45	5.24

표 9-4. 케피어의 영양성분 조성 (per 100g)

성 분	100g	성 분	100g
에너지	65 kcal	비타민(mg)	
지방(%)	3.5	B_1	0.04
단백질(%)	3.3	B_2	0.17
유당(%)	4.0	B_6	0.05
수분(%)	87.5	B_{12}	0.5
에틸 알코올(g)	0.9	나이아신(Niacin)	0.09
유산(lactic acid, g)	1.0	C	1.0
콜레스테롤(mg)	13.0	D	0.08
필수아미노산(g)		E	0.11
트립토판	0.05	무기질(mg)	
페닐알라닌 + 타이로신	0.35	칼슘	0.12
류신	0.34	인	0.10
이소류신	0.21	마그네슘	12.0
트레오닌	0.17	칼륨	0.15
메티오닌+시스틴	0.12	나트륨	0.05
리신	0.27	염소	0.10
발린	0.22	미량 성분	
비타민(mg)		철분(mg)	0.05
A	0.06	구리(μg)	12.0
카로틴(carotene)	0.02	아연(mg)	0.36

한편, 성분 조성에서 수분함량이 90% 전후로 가장 높고, 다음으로 당류(6%), 지방(3.5%), 단백질(3%), 무기질(0.7%) 순이었다. 발효 중에 단백질은 산 응고 및 단백질 분해 작용에 의해 쉽게 소화될 수 있는 저분자 물질로 분해가 된다.

케피어는 발효 기질로 사용된 우유와 유사한 아미노산 프로파일을 나타낸다. 암모니아, 세린, 라이신, 알라닌, 트레오닌, 트립토판, 발린, 라이신, 메티오닌, 페닐알라닌 및 이소류신 함량은 비발효 우유보다 케피어에서 더 높은 함량을 나타내었다. 필수아미노산 함량은 100g당 라이신 376 mg, 이소류신 262 mg, 페닐알라닌 231 mg, 발린 220 mg, 트레오닌 183 mg, 메티오닌 137 mg 그리고 트립토판 70 mg으로 나타났다.

그림 9-6. 미국에서 시판 중인 케피어의 영양성분 표시 (저지방, 딸기)

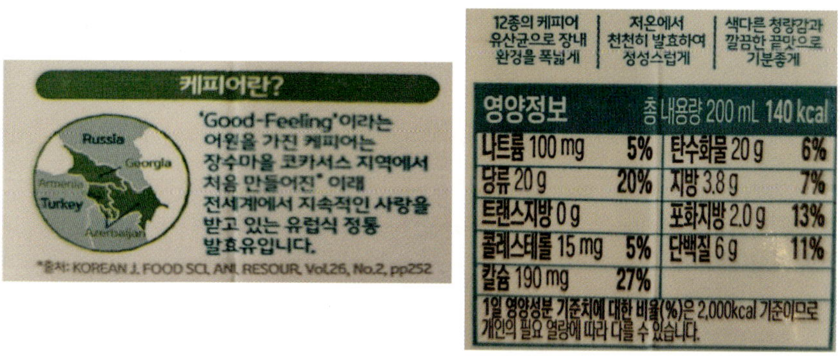

그림 9-7. 국내에서 시판 중인 케피어의 영양성분 표시 (원유, 플레인)

우유에 함유되어 있는 유당(lactose)은 발효과정에서 산으로 분해되어 발효액의 pH를 낮추고, 농도를 증가시킨다. 우유 유당의 약 30%는 효소 β-galactosidase에 의해 가수분해 되어 글루코스(포도당)과 갈락토오스로 전환이 된다. 또한 케피어에 함유되어 있는 미생물이 글루코스를 유산으로 전환시킨다. 이러한 측면에서 케피어는 유당불내증(lactose-intolerance)에 대한 내성이 없는 사람에게는 추천할 만한 음료이다.

케피어의 지질(mono-, di-, triacylglycerols, NEFA 및 스테로이드) 함량은 발효에 사용되는 우유의 종류에 따라 차이가 나며, 발효유 함유되어 있는 비에스테르화 지방산(NEFA, non-esterified fatty acid)은 소화율 향상에 기여한다.

유산, 이산화탄소 및 에탄올은 유산발효 과정에서 유래한 주요 생성물이다. 케피어는 또한 포름산formic acid), 프로피온산(propionic acid), 숙신산(succinic acid) 및 알데히드(aldehyde) 그리고 미량의 아세톤(acetone)과 이소아밀 알코올(isoamyl alcohol) 및 다양한 엽산(folate)을 함유하고 있다. 케피어의 pH는 4.2~4.6, 에탄올 함량은 0.5~2.0%(v/v), 유산은 0.8~1.0%(w/v), CO2는 0.08~0.2%(v/v)로 다양한 수준을 나타내고 있다.

제10장

발효유의 건강증진 효과

1. 발효유 생산 및 소비 현황

최근 10년간 세계적으로 발효유(요구르트)는 역동적인 성장을 이룬 제품으로서, 2010년 전 세계 발효유 생산량은 23,257천 톤에서 2021년에는 31,350천 톤으로 약 34.8%가 성장하였다. 또한 전 세계 요구르트 시장의 2022년부터 2033년까지 10년 동안의 연평균 성장률(CAGR)은 약 4.8%, 그리고 2022년 시장 규모는 900억불로 예측하고 있다.

이러한 요구르트의 생산 및 소비량 증가는 결국 발효유 섭취를 통해서 얻게 되는 다양한 건강증진 효과에 따른 것으로 여겨진다. 낮은 열량을 지닌 양질의 단백질을 보충하고, 뼈의 건강 유지에 유익한 칼슘 함량이 높다는 것이다.

요구르트는 소비자들의 마음속에 건강과 관련하여 매우 긍정적인 관점으로 인식되어 있다. 요구르트는 또한 맛있는 제품으로 여겨지며, 이들 제품이 가져다주는 즐거움을 위해 널리 소비되고 있다. 요구르트 제품은 다양한 형식으로 구매하고 소비할 수 있기 때문에 다른 제품 대비 가격이 저렴하고 실용적이라 할 수 있다.

2021년 우리나라의 발효유 시장 규모는 소비량 571,679톤, 매출액은 1조 9,442억 원이었고, 2026년에는 약 2조 2,498억 원에 달할 것으로 예측하고 있다. 최근 국내 발효유 소비 트렌드는 1~2인 가구 수의 증가로 간편식 또는 밀키트(meal kit)의 인기가 이어지고 있는 가운데 발효유와 시리얼 등을 결합한 신제품이 계속 출시되고 있다. 몇 년 전부터 그릭 요구르트(Greek yogurt)의 인기가 상승하면서 다양한 중소규모 업체의 브랜드에 대한 소비자들의 관심이 매우 높아지고 있다. 특히 각종 토핑과 함께 포장한 콩포트(compote) 제품의 소비가 늘어나고 있다.

국내 2021년 발효유 관련 키워드는 그릭 요구르트, 건강과 드링크 및 토핑으로 요약할 수가 있다. 드링크 타입 발효유는 건강증진 유산균을 중심으로 단백질, 저분자 피쉬 콜라겐(collagen) 및 비타민 등을 강화한 건강식 쪽으로 진화하고 있다. 또한 아이슬란드식 요구르트인 스키르(Skyr) 제품도 등장하고 있다(약 37℃에서 스타터를 첨가하고 커들링을 위해 소량의 렌넷을 첨가).

표 10-1. 세계 주요 국가의 발효유 생산 현황 (단위 : 천 톤)

국 가	2010년	2020년	2021년
중 국	3,600	8,254	7,680
터 키	1,306	1,702	1,847
일 본	866	1,085	1,065
인 도	176	814	995
한 국	503	572	579
독 일	3,005	3,087	3,091
프랑스	1,656	1,348	1,272
이탈리아	210	267	284
오스트리아	277	262	260
스웨덴	263	236	230
핀란드	203	220	219
러시아	2,258	2,746	2,728
영 국	410	615	565
우크라이나	479	446	440
스위스	262	273	274
미 국	1,896	2,046	2,151
캐나다	312	375	379
멕시코	688	615	607
아르헨티나	490	426	399
칠 레	215	231	236
이집트	242	262	278

표 10-2. 우리나라의 발효유 소비 현황 (단위 : 톤)

구분	2010	2018	2019	2020.1~9
액상발효유	367,454	437,403	453,688	329,915
호상발효유	129,252	113,343	124,179	100,440
소 계	369,464	439,421	455,707	331,935.1

또한 적절한 양을 투여하였을 때 숙주(host)에게 건강상의 이점을 제공해 줄 수 있는 살아있는 생균인 프로바이오틱스(probiotics) 뿐만 아니라, 최근에는 프로바이오틱스 또는 이를 통하여 방출된 분자의 대사 활성에 의해서 직접 또는 간접적으로 숙주에게 유익한 효과를 줄 수 있는 모든 인자를 의미하는 포스트바이오틱스(postbiotics) 영역까지 확대가 되고 있다.

2. 발효유와 건강

우유와 주로 우유를 원료로 하여 만든 발효제품(요구르트)은 지질, 단백질, 탄수화물 및 무기질 등의 영양성분 함량이 높기 때문에 인류는 아주 오랜 기간 동안 섭취하여 왔다. 요구르트는 높은 영양 가치로 인해 가장 오래 되고 중요한 발효 유제품 중의 하나이다.

요구르트의 건강증진 효과는 설사(diarrhea) 증상의 완화에서부터 대장암(colorectal cancer)의 발병 위험성을 줄이는 것 등과 같이 다양하다. 이러한 효과는 장내 미생물상의 적절한 균형을 유지하고, 장내 면역계의 미세 환경을 조절함으로써 발휘되는 것으로 여겨진다.

요구르트는 대표적인 유산균인 *Streptococcus thermophilus*와 *Lactobacillus delbrueckii* subsp. *bulgaricus*(이하 *Lactobacillus bulgaricus*)로 구성된 스타터 컬처에 의해 발효가 진행된다. 스타터 컬치는 우유 내에서 유화제 기능을 하는 카제인 미셀(casein micelle)을 변성시키는 우유의 산성화(우유의 유당으로부터 유산 생성) 반응을 유기한다. 이 산성화(배양 또는 발효) 공정을 통하여 요구르트의 조직 특성과 관련된 겔을 형성하게 된다.

그림 10-1. 국내 마트에서 시판 중인 다양한 발효 유제품 (2023년 3월)

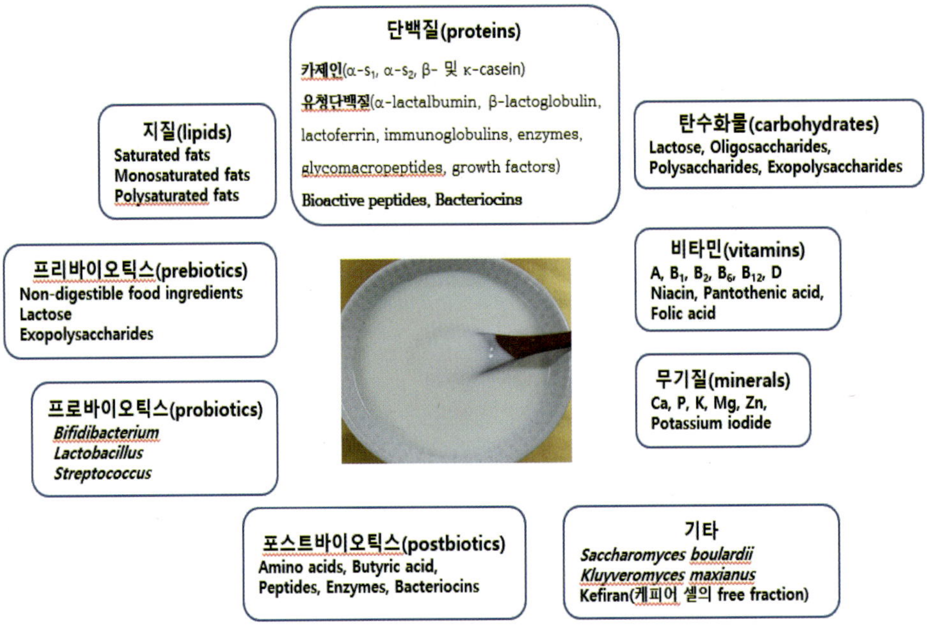

그림 10-2. 건강증진 효과를 발휘하는 발효유의 주요 영양 성분

표 10-3. 플레인 요구르트의 주요 영양성분 함량(whole milk로 제조)

영양 성분		100g	1 cup(245g)
수분(g)		87.90	215.35
열량(kcal)		61.0	149.0
단백질(g)		3.47	8.50
총지질(g)		3.25	7.96
탄수화물(g)		4.66	11.42
무기질	Ca(mg)	121.0	296.0
	Mg(mg)	12.0	29.0
	P(mg)	95.0	233.3
	K(mg)	155.0	380.0
	Zn(mg)	0.59	1.45
비타민	Riboflavin(mg)	0.142	0.348
	B12(μg)	0.37	0.91
	A(IU)	99.0	243.0
	D(IU)	2.0	5.0

*S. thermophilus*와 *L. bulgaricus* 두 균종 간의 유익한 상호 작용은 발효공정과 요구르트의 최종 품질을 결정하는 핵심 요소 중 하나이다. 이러한 상호 작용은 두 균종의 개체수 증가, 보다 빠른 우유 산성화, 풍부한 휘발성 방향 성분 생성 및 요구르트의 양호한 관능 특성에 기여하는 비휘발성 대사물질 등이 생성되는 결과를 낳는다. 또한 효소적 분해 및 산화 반응을 통해 유지방, 단백질 및 유당을 표적으로 하는 몇 가지 화학반응이 발효공정 중에 일어나며, 이 과정에서 요구르트의 주요 휘발성 풍미가 생성된다.

앞에서도 언급한 것처럼 요구르트와 발효 유제품은 살아있는 미생물, 일반적으로 *Lactobacillus bulgaricus* 및 *Streptococcus thermophilus*에 의한 우유의 발효 및 산성화 공정을 통하여 제조된다. 이러한 과정을 통하여 소비기한(유통기한)이 늘어난 농후한 제품이 만들어지게 된다. 요구르트는 풍부한 칼슘 공급원으로, 생체 이용 가능한 형태로 상당한 함량을 제공한다. 그리고 요구르트는 인, 칼륨, 비타민 A, 비타민 B_2, 및 비타민 B_{12}의 좋은 공급원이며, 생물가(biological value)가 높은 단백질과 필수 지방산을 제공한다. 이처럼 요구르트는 영양 밀도가 높은 식품이며, 우수한 프로바이오틱스의 운반체(carrier) 역할을 한다.

한편, 2023년 3월 현재 필자가 근무하고 있는 당진낙농축협에서도 2022년 7월부터 저지 원유(Jersey milk) 100%를 사용하여 드링크 요구르트(플레인, 딸기 및 블루베리)를 생산, 판매하고 있다. 약 35년 이상을 홀스타인 우유만을 다루던 필자도 국내에서 생산한 저지 우유를 가지고 유제품을 만드는 것은 작년이 처음이었다. 홀스타인 대비 원유의 지방 및 단백질 함량이 높은 것은 물론이고, 요구르트 역시 농축된 영양 성분을 함유하고 있음을 확인할 수 있었다. 제품 물성은 점도가 매우 높은 크림상의 부드러운 조직에 소비기한 만료일을 경과해서도 유청분리 현상이 거의 발생하지 않는 점을 특징(안정제 무첨가)으로 볼 수가 있다.

표 10-4. 국산 저지 원유의 주요 영양성분 함량 (100g 당)

성 분	함 량	성 분	함 량
열량(kcal)	86.0～88.0	칼슘(mg)	132.5～133.6
탄수화물(g)	4.68～5.15	인(mg)	93.3～99.1
단백질(g)	4.16～4.43	마그네슘(mg)	9.97～12.15
지방(g)	5.51～5.65	비타민 B_{12}(μg)	0.21

표 10-5. 국산 저지 원유로 제조한 드링크 요구르트(플레인)의 주요 영양성분 함량 (100g당)

성 분	함 량	성 분	함 량
열량(kcal)	84.0～90.3	칼슘(mg)	122.2～130.0
탄수화물(g)	9.13～9.33	인(mg)	88.8～89.1
단백질(g)	3.82～3.87	마그네슘(mg)	10.10～10.93
지방(g)	3.93～4.25	비타민 B_{12}(μg)	0.05

3. 발효유의 풍미 성분

요구르트의 주요한 품질 특성에는 조직(texture), 맛(taste) 및 풍미 (flavor) 등이 있다. 요구르트는 일반적으로 자극적인 신맛과 풋사과와 유사한 맛을 지닌 부드럽고 점성이 있는 제품으로 특징지을 수 있다. 풍미는 식품에 있어서 가장 중요한 관능 특성 중 하나이며, 식품의 품질이 만족하다고 생각되는 정도를 나타내는 수용성(acceptability)과 선호도(preference)를 결정하는 중요한 요인이다.

유제품의 관능 특성은 우유의 지방, 단백질 또는 탄수화물로부터 생성되는 풍미 화합물의 상대적 균형에 크게 의존한다. 요구르트의 독특한 풍미는 유산과 방향 성분의 복합물로부터 유래한다. 여기에는 원래 우유에 함유되어 있는 휘발성 물질과 우유의 발효 공정에서 생성된 특정 화합물이 포함되어 있다.

요구르트에서 생성되는 대부분의 풍미 화합물은 스타터 컬처의 미생물 활성에 의한 결과이다. 이러한 스타터 컬처의 주된 미생물은 *Lactococcus lactis*, *Lactobacillus* species, *Streprococcus thermophilus*, *Leconostoc* species 및 *Bifidobacterium* species 등으로 구성되어 있다. 발효 과정에서 이들 미생물은 우유에 함유된 주요 성분을 이용하여 3가지 생화학적 전환반응을 수행한다.

탄수화물을 유산 또는 다른 대사물질로 전환시키는 해당작용(glycolysis), 카제인을 펩타이드 및 유리 아미노산으로 가수분해하는 단백질 분해작용(proteolysis) 및 우유 지방을 유리 지방산으로 분해하는 지방 분해작용(lipolysis)을 들 수가 있다. 이러한 반응은 또한 미생물 효소를 촉매제로 하여 요구르트에 있어 다양한 풍미 및 이취(off-flavors) 생성으로 연결된다. 기타 몇 가지 비효소적인 반응도 일어나는데, 주로 요구르트 제조공정에서 가열(살균) 후에 생성된다.

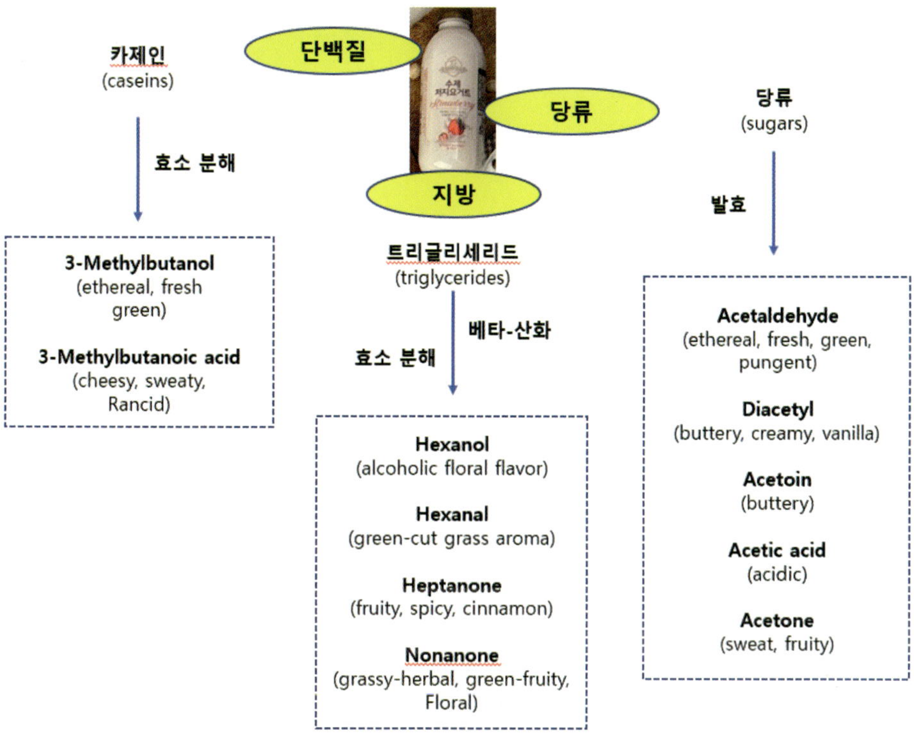

그림 10-3. 지방, 단백질 및 당류로부터 생성되는 발효유의 풍미 성분

요구르트에는 탄수화물, 알코올, 알데히드, 케톤, 산, 에스테르, 락톤, 함유황 화합물, 피라진 및 푸란 유도체를 포함하여 약 90종 이상의 휘발성 물질이 함유되어 있는 것으로 나타났다. 우유 발효 시 전술한 유산균은 우유의 다양한 화학적 조성분으로부터 유도된 400종 이상의 휘발성 화합물을 생성한다. 이러한 휘발성 화합물 및 기타 비휘발성 성분들이 소비자가 선호하는 독특한 풍미를 요구르트에 부여한다. 따라서 요구르트의 풍미와 상관관계가 있는 휘발성 유기화합물은 소비자의 제품 수용성과 구매 의사에 있어 필연적인 결정 요인이 된다.

이러한 휘발성 물질의 생성은 우유의 종류와 성분 조성, 스타터 컬처에 함유된 유산균의 종류와 비율, 배양시간 및 가공조건 등의 여러 가지 요인에 따라 달라진다. 요구르트의 풍미 화합물은 다음과 같이 몇 가지 그룹으로 분류된다. 비휘발성 카복실산(lactic acid, pyruvic acid), 휘발성 카복실(butyric acid, acetic acid), 카르보닐 화합물(acetaldehyde), 디케톤(diacetyl) 및 기타 유기화합물(아미노산 및 열 변성 부산물) 등으로 구분한다.

요구르트의 전형적인 풍미에 기여하는 주요 휘발성 유기성분은 카르보닐 화합물(acetaldehyde, acetone, 2-butanone, diacetyl, ethyl acetate)로 구성되어 있다. 실제 요구르트의 생산에 사용되는 스타터 컬처의 주요 유산균주 외에도 프로바이오틱스 균주가 추가적으로 첨가되기도 한다.

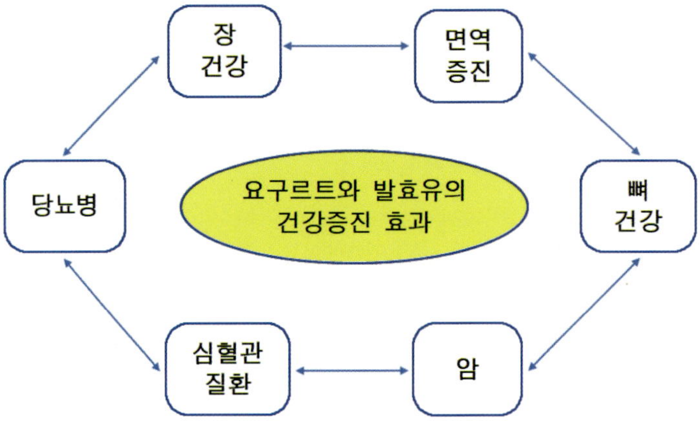

그림 10-4. 요구르트 및 발효유의 주요 건강증진 효과

4. 요구르트와 뼈의 건강(bone health)

소아 및 청소년을 대상으로 실험에서 발효 유제품은 뼈 건강, 특히 뼈의 무기질 함량과 골밀도(BMD, bone mineral density) 유지에 긍정적인 영향을 미치는 것으로 나타났다. 즉 발효 유제품은 세포 성장인자인 인슐린 유사 성장인자(IGF-I, insulin-like growth factor-Ⅰ)를 증진시키고, 소아 및 청소년의 골격에 무기질 축적을 촉진하는 효과가 있는 것으로 밝혀졌다. 또한 성인의 경우 칼슘과 이의 흡수에 있어 균형 유지에 영향을 미치는 것으로 밝혀졌다.

요구르트 섭취는 엉덩이 골절 위험성 감소, 골격 형성 개선, 골밀도 증가 및 골격의 무기질 손실 방지 등과 같은 기능에 연관성을 지니며, 그리고 케피어 발효유 섭취는 골표지자(bone turnover biomaker)의 단기적인 변화와 골다공증 환자의 골밀도 증가와도 관련이 있는 것으로 나타났다.

골다공증(osteoporosis)은 골밀도의 감소로 특징지어지는 만성 질환으로서, 골절의 위험성이 매우 높고, 그 결과 이환율과 사망률 역시 증가한다. 때로는 낙상으로 인해 골절이 발생할 때까지 수년간 발견되지 않는 경우도 있다.

요구르트 음용량이 많은 사람일수록 그렇지 않은 사람들에 비해 대퇴골의 상부 돌기(trochanter)에서 골밀도가 증가한 것으로 나타났다. 또한 4,310명의 성인을 대상으로 한 코호트 연구(cohort study)에서 요구르트 섭취량이 높을수록 골밀도 및 신체 기능 점수가 증가하였다.

최근 연구에서는 12주간의 고강도 운동 중에 그릭 요구르트(무지방, 플레인)를 정기적으로 음용하는 경우, 단백질과 칼슘이 함유되지 않은 탄수화물을 주성분으로 한 위약(placebo)과 비교한 결과 남자 대학생의 뼈 형성을 증가시키는 것으로 나타났다. 따라서 요구르트나 발효유의 일상적인 음용은 최대 골밀도(peak bone density)를 유지하는 데 도움을 주어서 골다공증을 예방하는 효과가 있다.

"프리바이오틱스(prebiotics)는 대장 또는 결장(colon)에서 한 종 또는 제한된 수의 미생물에 대한 성장 및 활성을 선택적으로 자극하여 숙주(host)에게 유익한 영향을 미치는 비소화성 식품 원료(nondigestible food ingredient)"로 정의하고 있다. 프리바이오틱스의 작용은 대장에서 식이섬유 발효를 포함하며, 그 결과 acetate, propionate, valerate, isovalerate 또는 butyrate 및 isobutyrate 같은 단쇄 지방산을 생성한다.

칼슘의 생체이용률(bioavailability)은 장 내용물의 pH 감소, 맹장(cecum)의 무게와 강모(bristle) 표면적의 증가, 후성 변조와 동반된 히스톤의 아세틸화 및 식물성 에스트로겐을 대사할 수 있는 비피도박테아 균종의 증가를 통한 미생물총(microbiota)의 변형을 통하여 향상된다. linulin 또는 oligofructose-enriched inulin-type fructans 같은 프리바이오틱스를 매일 섭취하는 경우 칼슘 흡수를 향상시키고, 폐경 후 여성의 골교체율(bone turnover)과 사춘기 성장기간 동안에 골광화(bone mineralization)에 영향을 미치는 것으로 나타났다.

5. 요구르트와 장의 건강(gut health)

유당불내증(lactose intolerance), 설사 질환, 변비, 결장암, 염증성 장질환, 헬리코박터 파일로리(*Helicobacter pylori*) 감염 및 알레르기 등은 요구르트를 음용함으로써 잠재적인 건강증진 효과를 보여준 위장 질환들이다.

항생제 설사(AAD, antibiotic-associated diarrhea)는 항생제를 복용하는 사람들에게서 흔히 나타나는 부작용이다. 이의 예방법으로 요구르트 같은 발효음료를 먹는 것이 포함되어 있으나, 효능에 대해서 아직까지 명확하게 밝혀지지는 않았다. 이는 요구르트 섭취가 항생제 설사를 예방하거나 완화시키는 데 일관된 효과를 보여주고 있지 않기 때문이다. 또 다른 연구에서는 *Lactobacillus rhamnosus* GG, *Bifidobacterium lactis* 및 *Lactobacillus acidophilus* 균주를 함유한 프로바이오틱스 요구르트는 살균 요구르트(200 g/day 음용)와 비교하여 1~12세 어린이의 항생제 관련 설사 예방에 효과적인 것으로 입증되었다.

요구르트가 급성 설사(acute diarrhea)에 미치는 영향에 관한 연구에서 6～24개월령의 입원한 유아들에 있어 긍정적인 결과를 보여 주었다. 사례 연구에서 유아들은 적어도 15 mℓ/kg/day 기준으로 요구르트를 음용하면서 병원 진료를 받은 결과, 평균 입원 일수와 설사 횟수 감소 및 체중 증가에 있어 유의성 있는 결과를 나타내었다.

염증성 장질환(IBD, inflammatory bowl disease)을 가진 피험자로부터 프로바이오틱스 요구르트의 항염증 효과를 평가한 연구도 있다. 30일 동안 모든 참가자들은 *Lactobacillus rhamnosus* GR-1과 *Lactobacillus reuteri* RC-14 균주가 함유된 요구르트를 섭취하였다. 조절 T세포(regulatory T cell)가 발현하는 생물학적 표지자 $CD4^{+}$ $CD25^{high}$ T세포의 비율은 치료 후 IBD 환자에서 유의성 있게 증가했지만, 대조군에서는 유의하지 않았다.

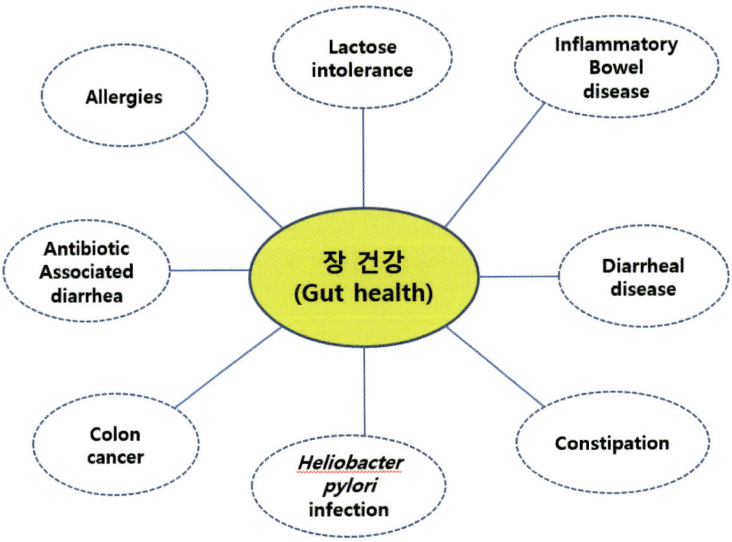

그림 10-5. 요구르트 및 발효유의 장건강 증진 효과

영국에서는 변비를 특징으로 하는 과민성 대장증후군(irritable bowel disease)의 증상에 대한 프로바이오틱스 유제품 대비 비프로바이오틱스 유제품의 장건강 증진 효과를 비교 실험하였다. 참가자 그룹별로 개선 효과가 다양하지는 않았으나 모든 실험 참가자 대부분에 있어 상당한 개선 효과가 나타났다.

이 연구 결과를 기초로 하여 변비치료 시에 발효 유제품을 포함시킬 것을 권고하였다. 또한 118명의 변비 환자를 대상으로 7주 동안 실시한 결과, 살균 요구르트(nonviable bacteria)가 만성 변비(chronic constipation) 개선에 효과가 있음이 입증되었다.

다른 질환들 중에서도 하부 소화기계통의 장 건강과 미생물 군집(microbiome)은 비만(obesity)과 관련이 있다. 프로바이오틱스 발효유 제품이 성인의 비만 측정에 미치는 영향을 검토한 결과, 매우 중요한 것은 비만인 사람의 경우 장내 미생물 군집의 구성과 다양성이 변화한다는 사실이다. 발효유 제품을 통하여 공급되는 프로바이오틱스는 장내 미생물총의 기능에 영향을 미칠 수 있으며, 다른 유익한 효과들 중에서도 체질량 지수(body mass index)를 감소시킴으로써 항비만 효과를 나타낸다.

6. 요구르트와 심혈관 질환(cardiovascular disease)

단백질, 칼슘, 마그네슘 및 비타민 B_{12} 같은 영양 성분과 유산균을 공급하는 요구르트의 특이성이 건강증진에 유익한 효과를 발휘한다는 사실은 이미 오래 전부터 알려져 왔다. 시판 중인 프로바이오틱스를 함유한 요구르트의 음용은 표적 프로바이오틱스 균주의 다양성을 증가시킴으로써 장내 미생물총의 조성을 변화시킬 수 있다. *Lactobacillus*와 *Bifidobacterium* 같은 요구르트의 공생 미생물은 면역기능에 유익한 영향을 미칠 수 있으며, 이는 주요 만성 질환의 발생을 막을 수 있음을 의미하는 것이다.

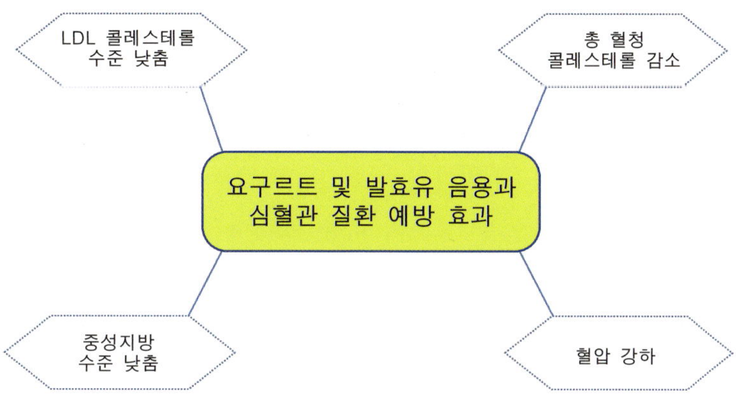

그림 10-6. 요구르트 및 발효유의 심혈관 질환 예방 효과

과콜레스테롤혈증(hypercholesterolemia)이 주요한 심혈관 질환(CVD, cardiovascular disease) 발병 요인 중 하나이기 때문에 일반 식단에 요구르트를 보충하는 것이 혈청 콜레스테롤의 상당한 감소를 야기한다. 따라서 심혈관 질환의 위험성을 감소시킨다는 보고가 오랜 전부터 있었다. 요구르트와 요구르트 음료의 섭취는 다양한 CVD 위험 변수, 특히 총지방 및 복부 체외 지방과는 역의 상관관계가 있음이 밝혀졌다.

일상적인 요구르트 음용은 체중 감소, 허리-엉덩이 비율 감소, 허리둘레 감소 및 낮은 체질량 지수(BMI)와 관련이 있는 것으로 나타났다. 또한 공복시 총 콜레스테롤과 인슐린 수치가 낮아졌다. 과체중이거나 비만인 요구르트 음용자는 혈장내 중성지방과 인슐린의 농도가 감소하는 경향을 볼 수 있듯이 동일한 체질량 지수 범위에 있는 비음용자보다 심장대사 프로파일이 더 좋은 것으로 나타났다.

전유로 만든 요구르트를 섭취한 참가자는 대사성 증후군의 모든 구성 요소가 되는 복부비만, 고지혈증(hypertriglyceridemia), 낮은 HDL 콜레스테롤, 고혈압 및 높은 공복혈당 등의 증상을 지닐 가능성이 낮았다. 또한 프로바이오틱스 발효유 제품은 혈청내 총 콜레스테롤, LDL 콜레스테롤 및 중성지방의 수치를 낮추기 위한 보조요법으로 사용될 수 있다.

7. 요구르트와 당뇨병(diabetes)

제2형 당뇨병(DM II, Type Ⅱ diabetes mellitus)은 만성의 비전염성 질환으로 현대인이 재앙처럼 느끼고 있으며, 환자의 삶의 질을 저하시킨다. 성인 당뇨병 또는 인슐린 비의존성 당뇨병이라고 불리는 제2형 당뇨병은 가장 흔한 당뇨병이며, 체내에서 인슐린은 잘 생성되지만, 이에 대한 저항성이 나타나는 경우를 의미한다(인슐린의 적절한 사용이 잘 안 되는 증상). 음식물의 과잉 공급과 과다 섭취, 신체활동 감소, 극심한 스트레스로 특징지어지는 현대인의 생활방식은 이러한 질병의 발생을 지속적으로 증가시키고 있다.

요구르트는 단백질, 무기질 및 비타민 같은 영양 성분이 풍부하고, 유익한 미생물(유산균)을 함유한 식품이다. 이들 성분의 작용 메커니즘이 완전히 규명되지 않았지만 장내 미생물총에 영향을 미치고, 당뇨병의 예방 및 관리에 기여할 수 있을 것으로 보고 있다. 그러나 질병, 약물 또는 기타 요인으로 인해 여러 영양소가 부족한 당뇨병 환자의 경우, 식단에 요구르트를 매일 섭취할 것을 포함시키는 것이 이들 환자의 영양상태를 개선하고, 더 나은 대사 조절기능에 기여할 수 있을 것으로 판단하고 있다.

최근에는 생물활성 물질이 β-췌장 세포, 인슐린 분비, 인슐린 저항성, 고혈당 등의 기능을 향상시키고, 지질 대사를 조절하여 당뇨병의 대혈관 및 미세혈관 합병증 발생을 예방하기 위한 목적으로 다양한 기능성 식품에 대한 연구가 진행되고 있다. 이들 식품에는 또한 유제품이 포함되는데, 발효 유제품에는 생물활성 성분이 함유되어 있거나 농축되어 있으며, 이들 성분이 질병 관리에 유익하게 작용할 수 있다. 칼슘, 비타민 B_{12}, 여러 종류의 생물활성 펩타이드(bioactive peptide), 공액 리놀레산(conjugated linoleic acid) 및 유산균 등이 유용한 작용 물질들이다.

정기적으로 요구르트를 음용하면 에너지의 포화 또는 분배에 직접적인 영향을 미쳐 인슐린 저항성 및 제2형 당뇨병의 발병 위험성과 밀접한 관련이 있는 지방을 감소시키는 것으로 보인다. 요구르트 음용이 에너지 섭취에 미치는 영향에 대한 가장 간단한 해석은 장기적으로 요구르트와 같이 영양 성분이 풍부한 건강식품의 체계적인 섭취는 지방과 단순당(simple sugar)이 많이 함유된 즉, 결과적으로 에너지가 풍부하여 건강에 도움이 안 되는 음식의 섭취 감소로 이어진다는 것이다.

8. 요구르트와 면역증진 효과(immunological effects)

우리의 생활방식은 지난 70년 동안 식이요법, 약물치료 및 좌식생활(sedentary lifestyle) 방식의 측면에서 극적으로 변화하였다. 주된 요점은 일상생활에서 오래 지속된 서구식 식단과 관련된 식품가공 기술 및 식습관의 변화이다. 이들 서양식 식단은 주로 초가공 식품 또는 고도로 가공된 식품(ultra-processed foods)으로 특징지어진다. 기름, 수소화 지방, 설탕과 감미료, 변성 전분, 가공 단백질 등의 정제되고 변형된 식품 성분을 포함하며, 다양한 식품 첨가물은 음식 자체를 공허하고 불필요한 열량으로 채워 소비자들의 입맛을 유혹하고 있다.

결과적으로 이러한 식단은 전반적인 음식의 품질에 수많은 변화를 초래한다. 섬유소의 고갈, 비타민의 결핍, 포화지방산과 설탕의 증가 및 식품 첨가물의 빈번한 사용이 특히 눈에 띈다. 이들은 단기적으로 인간의 건강을 변화시킬 수 있고, 특히 장의 항상성(homeostasis)에 영향을 미친다.

항상성이란 다양한 자극에 반응하여 개체 혹은 세포의 상태를 일정하게 유지하려는 성질을 의미한다. 주변 환경에 의해 깨진 평형 상태를 원래대로 복구하여 최적화된 상태로 만들려고 하는 것을 항상성 유지라 하며, 대부분의 생명현상이 항상성 유지와 관련되어 있다. 장의 항상성은 장상피 장벽(IEB, intestinal epitherial barrier), 장내 미생물총, 면역계 및 장신경계(ENS, enteric nervous system) 사이의 복잡한 상호작용에 의해 미세하게 조절되는, 깨지기 쉬운 균형을 유지하고 있다.

이러한 미세 조절기능이 깨지게 되는 경우 장내 미생물 불균형(dysbiosis), 염증성 만성 질환의 유병률, 당뇨병, 심혈관계 질환 발병 위험성 및 비만 등의 질병이 증가하게 된다. 섬유소의 결핍은 장내 미생물총에 직접 또는 간접적으로 영향을 줌으로써 항상성을 변화시킬 수 있다. 의간균류(Bacteroidetes)에 대한 후벽균류(Firmicutes)의 비율 증가(비만의 원인)와 더불어 풍부한 미생총이 실제로 감소할 수 있으며, 관강내 pH를 낮추고 병원성 미생물의 성장을 억제하는 단쇄 지방산의 생성되는 반면에, 더 높은 점액 분해가 관찰되어 전체적으로 점막보호 기능이 낮아지는 것으로 나타났다. 이처럼 요구르트에 식이섬유(dietary fiber)를 첨가함으로써 섬유질 섭취를 증가시키고, 다양한 효능을 지닌 기능성 식품(프리바이오틱스 효과 증진)을 개발하게 되었다.

섬유소가 일정 함량 이상 함유된 요구르트를 섭취하는 경우 비만, 당뇨병, 암, 고콜레스테롤혈증, 위장 장애, 대장 게실증(colonic diverticulosis) 및 변비, 궤양성 대장염(ulcerative colitis), 고지혈증, 고혈압, 관상동맥 질환을 예방하거나 줄일 수 있음은 물론 장내 미생물상(microflora)의 건전성 및 위장 면역을 촉진할 수도 있다.

일반적으로 현대인의 식단에는 섬유질이 부족하여 여러 가지 영양 관련 질환의 원인이 되는 것으로 알려져 있으며, 1일 평균 섬유질 섭취량은 25g을 기준으로 하고 있다. 섬유소는 야채, 과일 또는 곡류의 세포벽에 주로 함유되어 있다. 여기에는 다당류(펙틴, 셀룰로오스, 헤미셀룰로오스)와 리그닌(lignin) 등이 포함된다. 가용성 및 불용성 섬유소 모두 이용 가능하지만, 일반적으로 불용성은 식품에 섬유소를 강화하는 목적으로 사용이 된다.

인체의 위장관에는 1,000종에 달하는 약 10^{14} 수준의 미생물이 분포하고 있으며, 이는 진핵생물(eukaryotic) 인간 세포수의 10배 이상이 되는 수치이다. 이 장내 미생물총은 숙주의 영양 발달과 면역체계의 조절, 장 장벽 기능에 영향을 미치기 때문에 인체의 건강 유지에 매우 중요한 영향을 미친다. 다양한 연구 결과를 종합하면 장 장벽 기능 장애와 위장병 사이에는 많은 연관성을 보여주고 있다.

8.1 면역조절 효과(immunomodulatory effects)

현재에도 발효공정 중에 발생하는 미생물, 면역계 및 특정 대사물질 간의 상호작용에 대한 기작이 완전히 밝혀진 것은 아니다. 항원전달세포(antigen presenting cell)로서 면역세포(식세포)의 일종인 수지상 세포(dentritic cells)는 이러한 상호작용에 중요한 역할을 하는 것으로 알려져 있다. 이러한 특성과 다른 자극으로부터 다른 반응을 이끌어 내는 능력으로 인해 수지상 세포는 면역조절 기능을 수행하게 된다.

유산균(LAB)은 이의 특성을 조절하기 위해 단핵구(monocyte)에서 유래한 수지상 세포와 상호 작용할 수 있다. 이러한 사실은 미생물 감염뿐만 아니라 세포벽 성분, 세포질 화합물 및 DNA 단편 등의 특성과 관련이 있다. *Bifidobacterium breve* C50에서 생성되는 활성 미생물 성분은 장 상피세포를 통과하여 면역세포로부터 분비되어 단백질 면역조절제로 작용하는 사이토카인(cytokine)의 생성을 조절할 수 있다.

장내 면역조절 기능에서 프로바이오틱스의 역할이 완전하게 밝혀지지는 않았다. 프로바이오틱스를 경구 투여한 BALB/c(근교계 BALB/c 생쥐의 태아에서 수립한 배양

세포주) 마우스에서 *Lactobacillus casei* DN114001은 모든 미생물 또는 이들의 파편이 장의 면역세포와 접촉하는 현상을 보였다.

프로바이오틱스 발효유는 인터루킨-6(IL-6, interleukine-6)의 방출로 장내 세포의 자극뿐만 아니라 비특이적 장벽 및 장내 면역세포와 관련된 세포, T림프구 및 B림프구 IgA(+)의 증가, 선천적 및 대식세포 매개 적응 반응과 관련된 세포 마커의 발현을 자극한다. T세포(T cell) 또는 T림프구(T lymphocyte)는 골수세포에서 유래하지만, 흉선(thymus, 가슴샘)에서 성숙되기 때문에 T세포라는 이름이 붙여졌고, B림프구는 림프구의 한 종류로, 체액성 면역반응을 담당하면서 특정 병원체에 대해 항체를 생성한다.

대식세포는 식세포 또는 식균작용(phagocytosis), 사이토카인 분비 및 질산 생성을 포함한 미생물 병원체에 대한 선천적 면역반응(innate immune response) 매개자로서의 중심적인 역할을 수행한다. 감염이 발생하면 인터루킨-6, 인터루킨-1β 및 종양괴사 인자인 TNF-α가 분비되고, 면역체계가 활성화 된다. 그러나 이러한 전염증성 매개체의 통제되지 않은 과잉 생성은 혈관 확장(vasodilation), 혈관 투과성(vascular permeability) 증가, 고혈압(hypertention) 및 다발성 장기부전(MOF, multiple organ failer) 등의 질환 발생 및 심한 경우 사망에 이를 수도 있다.

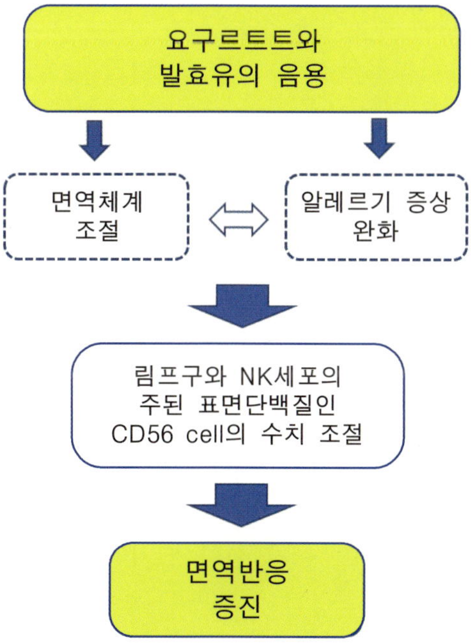

그림 10-7. 요구르트 및 발효유 섭취를 통한 면역증진 효과

발효유의 생리활성 펩타이드에 의한 대식세포의 활성화로 인해 선천성 면역체계의 기능이 향상될 수도 있다. 건강 유지에 유익한 것으로 간주되고 있는 요구르트 및 발효유는 음용시 유용한 생균수가 최소 10^7 CFU/g 이상 함유되어 있어야 한다. 우리나라 역시 유산균수 또는 효모 수치가 발효유는 10^7 CFU/mℓ, 그리고 농후발효유는10^8 CFU/mℓ 이상으로 규정하고 있다.

8.2 장내 미생물총(microbiota)의 조절

건강증진 기작은 일반적으로 선천적인 면역반응의 자극에 의한 유익한 면역기능 조절 효과를 기초로 하여 판단한다. 이 경우 이들은 주로 면역세포로부터 분비되는 단백질 면역조절제의 기능을 수행하는 사이토카인(cytokines)과 18~50개의 아미노산으로 구성된 면역 펩타이드인 항균성 펩타이드(antimicrobial peptides)의 생성을 조절한다.

장내 미생물총의 구성에 대한 유산균(LAB) 발효 제품의 효과에서 희석 우유를 음용한 대조군과 비교하여 *Bifidobacterium breve* C50 균주로 만든 발효유로부터 얻은 무세포 농축유청을 음용한 그룹의 분변에서 bifidobacteria 수치가 더 높은 것으로 나타났다(발효공정 중에 생성되는 성분이 장내 미생물에 유익한 효과). 발효유에 기초한 조제분유를 먹은 어린이들은 비발효 조제분유 음용한 아이들보다 분변에 성체가 적은 bifidobacteria의 평균 비율이 더 높았다.

또한 모유 수유 중인 아이들은 장벽 기능 및 면역유발(immune priming) 능력 개선과 관련된 *Bifidobacterium longum* subsp. *infantis*와 *B. breve* 균주에 의해 더 빈번히 집락화(colonization) 되었다. 사실 면역계의 적절한 성숙은 장내 미생물의 집락화 특히 *Bifidobacterium* 같은 특정 균종과 연관된 것으로 알려져 있다. *Bifidobacterium lactis*와 *Streptococcus thermophilus*로 구성된 유아식의 경우, 유아의 병원감염성 설사(nosocomical diarrhea) 치료에 효능이 있는 것으로 나타났다. 그리고 *Bifidobacterium animals*, *Lactobacillus acidophilus* 및 *Lactobacillus reuteri* 등의 균주를 함유한 소아용 음료, 역시 로타바이러스(rotavirus) 설사 예방에 효과가 있음이 밝혀졌다.

치료법으로 *Lactobacillus rhamnosus* GG 균주를 사용하면 감염 병에 유용하게 작용하는 로타바이러스에 대한 국소부위 전신 면역반응이 향상된다. *Bifidobacterium longum*, *Bifidobacterium lactis*, *Lactobacillus rhamnosus* GG, *Lactobacillus acidophilus* La5, *Streptococcus faecum* 및 효모 *Saccharomyces boulardii*는 항생제 유발성 설사를 예방할 수 있는 우수한 프로바이오틱스 균주이다.

8.3 병원균의 차단(exclusion of pathogens)

프로바이오틱스는 장 통과 과정에 안착하거나 유익한 미생물의 성장을 촉진함으로써 장내 미생물총을 변화시킬 수 있다. 동물실험에서 케피어 또는 케피란의 급여는 *Clostridium perfringens* 같은 유해 미생물을 감소시키는 것 외에도 주로 *Lactobacillus*와 *Bifidobacterium* 등의 유익한 미생물 수치를 증가시키는 것으로 나타났다.

케피어의 음용은 면역계의 조절기능을 통하여 C57BL/6 마우스 균주에서 지알디아 편모충(*Giardia intestinalis*)에 의한 감염 완화 효과를 확인하였다. 또한 케피어에서 분리한 *Lactobacillus* 특이 균주는 장상피 장벽의 모델로 사용하는 Caco-2 세포에 부착하여 *Salmonella typhimurium* 및 *Escherichia coli* O157 : H7 균이 들러붙는 것(adhering)을 방지하였다.

*Lactobacillus*는 *E. coli* O157 : H7에 의해 생성되어 소장 내벽을 손상시키고 설사를 유발하는 장독소의 일종인 시가 독소(shiga toxin type II)로부터 베로 세포(vero cell)를 보호하고, Caco-2 세포의 손상 원인이 되는 *Bacillus cereus* 세포외 인자(extracellular factors)의 활성을 억제한다. 유산균(LAB)의 섭취는 병원성 미생물에 의한 집락화를 피하는 anti-E 대사물질(metabolites)로 인해 대장균의 영향력을 감소시킬 수 있다.

8.4 항균 및 항진균 효과(antibacterial & antifungal effects)

*Lactobacillus helveticus*에 의해 우유의 발효공정 중에 생성되는 생리활성 펩타이드(bioactive peptide)는 이들이 지닌 항균 및 면역 자극 특성으로 인해 미생물 감염의 조절을 위한 대안으로 제시되어 왔다. *Lactobacillus helveticus* LH-2로 만든 발효유의 무세포 상등액과와 이의 분획 펩타이드 F5에 의해 발효된 무세포 상층액의 잠재적인 자극 효과를 대식세포(macrophage)를 가지고 조사하였다.

발효유로부터 추출한 세포의 유리 분획은 산화질소(nitric oxide) 생성 및 식세포 활성(phagocytic activity) 증진을 수반한 대식세포의 자극을 통하여 만성 염증성 질환의 원인이 되는 인터루킨(interleukine) IL-6, IL-1β 및 TNF-α(종양괴사인자-α, tumor necrosis factor-α)의 생성을 증가시켰다.

TNF-α에 의해 합성이 유도되는 산화질소는 대식세포가 종양세포(tumor cell)뿐만 아니라 미생물과 다른 병원체를 사멸시키는 것과 같은 세포독성 물질(cytotoxic agent) 중의 하나이다. 또한 TNF-α는 정신적 외상(trauma) 및 감염으로부터 숙주를 방어하는 주요 구성 요소이며, 신체의 방어체계를 제어하고 자극하는 신호물질로 사용되는 당단백질-펩타이드인 사이토카인(cytokine)과 산화질소 합성의 유전자 발현을 유도하기 때문에 매우 중요하다. 한편, 케피어 역시 다양한 항균 및 항진균 효과가 있는 것으로 나타났다. 케피어 발효유는 암피실린(ampicillin), 아목시실린(amoxicillin), 아지트로마이신(azithromycine), 세프트리악손(ceftriaxone) 및 세토코나졸(cetoconazole) 등과 유사한 기능을 지니며, 케피어 자체에도 항균성을 나타내는 미생물이 함유되어 있는 것으로 나타났다.

Lactobacillus plantarum ST8KF는 *Enterococcus mundtii* 및 *Listeria innocua*에 대하여 항균작용을 나타내는 박테리오신(bacteriocine) ST8KF를 생성한다. 원래 케피어로부터 분리된 *L. plantarum* ST8KF는 *Lactobacillus casei, Lactobacillus salivarius, Lactobacillus curvatus, Enterococcus mundtii* 및 *Listeria innocua*에 대해 항균활성을 나타내는 분자량 3.5 kDa 크기의 박테리오신 bacST8KF를 생성하는 것이 확인되었다.

케피어 그레인에서 분리한 *Lactobacillus acidophilus, Lactobacillus kefiranofaciens* 같은 *Lactobacillus* 균종뿐만 아니라 일부 *Streptococcus thermophilus* 균주는 *Echerichia coli, Listeria monocytogenes, Staphylococcus aureus, Salmonella typhimurium, Salmonella enteritidis, Shigella flexneri, Pseudomonas aeruginosa* 및 *Yersinia enterocolitica* 등을 포함한 여러 병원성 미생물에 대한 항균활성을 지니고 있다.

9. 요구르트와 항발암 효과(anti-carcinogenic effects)

요구르트와 유산균이 암과 장염에 미치는 효과에 관해서는 광범위한 연구가 진행되어 왔다. 암의 발병(carcinogenesis)에 대한 프로바이오틱스의 예방적 효과는 면역반응의 조절과 장내 미생물총의 변화와 관련이 있을 수 있으며, 발암 유발물질 중에서 발암 전구물질 또는 프로발암원(procarcinogen)이 되는 미생물의 증식을 방지한다.

9.1 결장암(colon cancer)

뮤린 결장암 모델(murine colon cancer model)에서 요구르트의 섭취는 인터루킨-10 분비 세포와 세포자멸사 또는 아포토시스(apoptosis)의 증가 및 발암 전구물질 효소의 감소를 통한 염증반응의 감소에 의해서 종양(tumor) 성장을 억제한다. 세포자멸사란 생리적으로 발생하는 예정된 세포의 죽음으로서 원치 않는 세포가 제거되는 자연 과정을 의미한다.

결장암 모델에서 β-glucuronidase와 nitroreductasa의 장내 효소 활성은 dimethylhydrazine(DMH) 주입 후 증가하여 이의 강한 돌연변이 유발(mutagenic)에 기여하는 것으로 나타났다. DMH의 주입은 요구르트를 급여한 쥐에서 종양이 있는 대조군보다 낮은 수준의 효소 활성을 나타내었다. 그러나 쥐에게 요구르트에 함유된 미생물 유래의 대사산물을 투여했을 때에는 위와 같은 효과는 관찰되지 않았다. 이는 요구르트에 함유된 미생물이 발암 전구물질 효소의 활성을 감소시키고, 장내 미생물상의 변화에 관여할 수 있음을 보여주는 것으로 해석할 수 있다.

DMH를 주입한 생쥐에 요구르트를 투여하면 IgG와 CD8 T-cell이 감소하면서 대장의 점막 고유층(lamian propria)에서 IgA와 CD4 T 림프구를 암호화하는 세포의 수가 증가한다. 요구르트를 먹인 생쥐의 장에서 IgA를 분비하는 세포의 수가 증가하고, IgG 세포가 증가하지 않으면 IgA가 결장의 종양형성(colonic neoplasia)에 있어 중요한 장벽으로 작용하기 때문에 염증반응을 제한할 수가 있다. 요구르트 외에도 케피어 역시 높은 수준의 종양괴사인자 TNF-α와 바이러스 증식을 억제하는 사이토카인(interferon) IFN-γ를 생성하여 높은 수준의 IgA 분비를 유도하는 것으로 나타났다.

인체 결장 선암세포(adenocarcinoma cell)에 사용된 모든 농도에서 발암물질에 의해 손상된 DNA에 대한 케피어 상층액의 보호 능력이 있는 것으로 나타났다. 발효유는 점막의 면역체계를 조절할 수 있으며, 발효제품의 투여는 장내 미생물총에 영향을 미칠 수 있고, 장과 관련한 면역세포의 자극은 물론 장내 염증 및 결장암에 유용할 수 있음이 입증되었다.

9.2 유방암(breast cancer)

약 20년 전부터 유방암 발병과 관련한 분자적 요인에 대한 이해가 크게 진전되었다. 유방암의 발병 가능성을 높이는 유전적・환경적 요인이 있으며, 가장 흔한 유방암의 종류는 에스트로겐(estrogen) 의존형이다. 발효 유제품이 풍부한 식단과 같은 일부 요법들은 유방 종양을 포함한 여러 종류의 암의 성장을 억제할 수 있는 것으로 나타났다.

발효과정에서 생성된 펩타이드 분획물을 지니고 있는 발효유는 면역체계를 자극하고, 종양의 성장을 억제할 수 있다. *Lactobacillus helveticus* R389로 제조한 발효유는 유방 종양의 성장을 지연시키는데 혈청, 유선(mammary gland) 및 면역세포에서 인터루킨-6를 감소시키고, 인터루킨-10과 인터루킨-4는 증가시키는 것이 확인되었다. 또한 인터루킨-6의 감소는 케피어 또는 케피어의 무세포 분획(cell free fraction)을 급여한 생쥐에서도 관찰되었다.

미생물에 의한 단백질 분해는 유산균 발효 후의 펩타이드가 다르기 때문에 생리활성 펩타이드를 생성할 수 있다. 이러한 사실은 protease와 peptidase 활성이 높은 미생물인 *Lactobacillus helveticus* R389로 만든 발효유는 돌연변이 유발 효과를 통해 입증한 반면에, 단백질 분해 활성이 결여된 돌연변이 균주(L89)는 이러한 효과를 나타내지 않았다. 마찬가지로 발효 유제품이 높은 수준의 IgA가 분비되도록 작용하는 TNF-α의 분비를 유도하기 때문에 소장내 IgA 분비 세포의 수치 역시 증가하였다.

또한 요구르트에서 분리한 *Lactobacillus acidophilus*는 유방암 마우스(mouse) 모델에서 종양 성장 속도를 감소시키고, 림프구의 증식을 증가시켰다. 발효 유제품이 유방암 세포의 세포자멸사, 세포주기와 종양성장 정지 등을 유도하는 것으로 보아 유방암의 예방 또는 치료에 어느 정도 적합한 것으로 여기고 있다.

9.3 기타 암

발효 유제품은 여러 종류의 암세포에 대해 상당한 항발암 활성을 지니고 있다. *Lactobacillus kefiri*는 용량 의존적(dose-dependent) 방식으로 세포사 촉진 유전자인 caspase 3의 활성화를 통해 시험관 내(*in vitro*) 다중 약물에 내성이 있는 인간 골수성 백혈병(myeloid leukemia) 세포의 세포자멸사를 증가시켰다.

케피어는 건강한 세포에는 영향을 주지 않으면서 암세포에서 세포자연사 유도와 함께 백혈병 환자의 세포증식을 용량 및 시간 의존적 방식으로 억제한다. 그리고 케피어의 무세포 분획은 위암 세포주 SGC7901(위성세포, satellite glial cell, 말초신경계의 신경절에 있는 신경세포의 표면을 덮는 신경 아교세포)에 대하여 용량 의존적으로 증식 억제효과가 있는 것이 관찰되었다.

한 연구에서는 케피어의 무세포 분획이 세포자멸 조절유전자 BAX의 조절과 세포자멸사와 항종양유전자(antioncogene)의 촉진제를 통해 SGC7901 세포에서 세포자멸사를 유도할 수 있고, 세포자멸사와 종양 유전자(oncogene)의 억제제인 bcl-2(원형 종양 유전자)의 조절이 가능하다는 것을 보여주었다. 또한 암세포에서 세포 사멸을 촉진하는 것 외에도 발암물질 관련 연구에서는 항돌연변이 유발효과가 있는 것으로 나타났다.

약 20일의 치료기간 동안 일부 종양이 완전히 사라진 상태에서 복강(intraperitoneal)내 케피어를 투여한 마우스의 방추형 세포 육종의 뮤린 마우스 모델에서 종양의 크기가 감소하였다. 또 다른 연구에서 케피어의 유용한 치료 효과는 생쥐의 육종세포(sarcoma cell)에서 종양 크기를 감소시키는 것이 확인되었다.

피부암(skin cancer)에 관한 한 케피어는 자외선 손상으로부터 인체 흑색종 세포(melanoma cell)를 보호하는 능력을 지니고 있는데, 이는 항산화제 이외의 케피어의 활성물질과 관련이 있다. 또한 방광암(bladder cancer)의 발병 위험성은 요구르트를 섭취량이 높은 사람들에게서 가장 낮게 나타났는데, 발효유 제품의 섭취가 면역체계를 자극하고, 경계상태(vigilance)를 유지할 수 있도록 작용한다는 사실이며, 이는 다른 유형의 암 발생에 대처하는 데도 도움이 될 수 있다.

10. 요구르트와 항알레르겐 효과(anti-allergens effects)

알레르기 질환은 지난 수십 년 동안 개발도상국에서 증가하여 왔으며, 이와 관련된 천식(asthma) 및 식품 알레르기의 발병률이 증가하였다. 일부 연구에서는 인체 미생물의 복잡성과 이질성이 알레르기 질환을 일으키는 중요한 요인으로 보고 있다. 소아의 장내에서 높은 수준의 *Bifidobacterium*과 lactobacilli는 알레르기 질환의 발병률을 낮추며, 케피란(Kefir grain)으로서의 케피어는 모든 동물의 장내 미생물총에 이러한 영향을 미치는 것으로 관찰되었다. *Bifidobacterium*의 보충은 *Bacteroides*의 수치를 감소시키고, 식품 알레르기의 발병률을 낮추기 때문에 유아의 장내 미생물총에 영향을 미친다.

식품 알레르기의 주요 메커니즘 중 하나는 T helper 1(자연면역체계 활성화) / T helper 2(특이 면역체계 활성화) 세포의 불균형으로 IgE 항체가 더 많이 생성된다는 사실이다. 조력 T세포(helper T cell)는 림프계 면역세포 중의 하나로, 면역계의 사령탑 역할을 하는 T세포의 일종이다. 도움T세포 또는 보조T세포라고도 부르며, CD4 단백질이 조력 T세포의 대표적인 표지자이다. 오브알부민(ovalbumin, 계란의 흰자위 속에 들어 있는 주된 단백질, 당단백질의 혼합물)에 대한 총 Ig E와 특정 Ig E는 오브알부민으로 감작된(sensitized) 쥐에서 현저하게 낮았다. 오브알부민으로 감작된 천식 마우스 모델에서 위내에 케피어를 투여받은 마우스는 대조군 마우스보다 기도과민성(AHR, airway hyperresponsiveness) 수준이 낮았고, 항천식제(antiasthmatic)를 투여받은 대조군보다 AHR 수준 역시 낮게 나타났다.

케피어를 투여받은 마우스는 알레르기 반응을 일으키는 Th2 반응과 관련된 낮은 수준의 Ig E, 인터루킨-4 및 인터루킨-13과 함께, 기관지 폐포세척액(bronchoalveolar lavage fluid)뿐만 아니라 폐 조직에서 호산구(eosinophils)의 침윤 수준이 현저히 낮았다. 오브알부민에 민감한 마우스에 케피어를 경구 투여한 경우, 비발효 우유 또는 물을 투여한 마우스에서 발견된 혈청의 항알부민 Ig E 및 Ig G1 항체 수준이 현저히 감소하는 것으로 나타났다.

11. 요구르트와 저콜레스테롤혈증 효과(hypocholesterolemic effects)

임상연구에 따르면 정기적으로 프로바이오틱스를 섭취하는 것이 콜레스테롤 저하 효과가 있으며, 프로바이오틱스 미생물이 콜레스테롤을 대사하여 위장관에서의 흡수를 감소시킬 수 있는 것으로 추정하고 있다.

시험관내 및 생체내 연구에서 lactobacilli, bifidobacteria 및 기타 우유 내에 함유된 미생물은 세포막과 결합하여 담즙산으로 콜레스테롤을 탈접합(deconjugation), 침전시킴으로써 콜레스테롤을 동화시킨다. 탈 접합 담즙산은 용해가 덜 되기 때문에 공액형태(conjugated type)보다 장의 내강(intestinal lumen)에서 덜 흡수가 된다. 또한 *Bifidobacterium pseudocatenulatum* G4와 *Bifidobacterium longum* BB536을 함유한 요구르트는 주요 심혈관 질환의 위험 인자를 감소시키는 유익한 효과를 나타내었다.

그리고 *Bifidobacterium pseudocatenulatum* G4와 *Bifidobacterium longum* BB536은 담즙산 분비를 증가시켜 혈장내 콜레스테롤 수치를 감소시켰다. *Lactobacillus acidophilus*와 *Bifidobacterium lactis*를 함유한 프로바이오틱스 요구르트의 음용은 일반 요구르트 대비 혈청내 콜레스테롤 수치를 현저히 저하시켰다. 그러나 발효 유제품에 함유된 미생물 균주(species)와 균종(strains) 모두가 콜레스테롤 저하 효과를 나타내는 것은 아니다. 쿠미스(Koumiss)로부터 분리한 *Lactobacillus fermentum* SM-7은 시험관내 및 생체내 실험 콜레스테롤 감소 효과를 나타내었다.

쿠미스는 말의 젖을 유당발효성 효모와 락트산간균(*Lactobacillus acidophilus*)으로 발효시켜 제조한 알코올 발효유이다. 중앙아시아와 시베리아 지방에서 옛날부터 이용되어 왔으며, 알코올 농도는 약 3%에 달하며, 마유주라 부르기도 한다. 임상연구에서 *Streptococcus thermophilus*와 *Eenterococcus faecium*으로 발효시킨 덴마크 요구르트 가이오(Gaio)를 급여한 결과 콜레스테롤 혈청 수치가 8.4%나 감소하였다. 발효유제품을 장기간 매일 규칙적으로 섭취하는 경우, HDL-콜레스테롤 혈청 수치가 증가하고, LDL/HDL-콜레스테롤 비율이 향상되는 것으로 나타났다.

*Enterococcus*와 *Lactobacillus* 과(family) 미생물은 콜레스테롤을 약 12~56%까지 대사하며, 그 결과 총콜레스테롤과 LDL 콜레스테롤 수치는 통계적으로 현저히 감소하여 초기 콜레스테롤 수치가 높은 사람들에게서 더 많이 감소되는 결과를 보였다. 또한 혈당과 혈청 크레아티닌, C-반응성 단백질 및 혈압 등의 수치가 감소한 것으로 나타났다. Ile-Ile-Ala-Glu-Lys 같이 베타-락토글로불린(β-lactoglobulin)으로부터 유도된 펜타 펩타이드를 함유한 일부 제품 역시 콜레스테롤 저하 효과를 나타내었다.

12. 요구르트와 항산화 효과(antioxidant effects)

산양유로 만든 발효유는 십이지장 점막에서 혈청 멜라토닌 수치와 총항산화 능력을 증가시키고, 글루타티온(glutathione) 퍼옥시다아제 1의 발현을 감소시켜 생체분자의 산화적 손상을 제한하는 것으로 나타났다. 프로바이오틱스 미생물은 특히 활성산소 종(active oxygen species)을 포획하는 데 효과적이다. *Lactobacillus* sp.의 세포 내 추출물은 쥐의 비타민 E 결핍 치료에 효과가 있음이 입증되었다.

Lactobacillus delbrueckii subsp. *bulgaricus*와 *Streptococcus thermophilus*는 활성산소 종과 자유라디칼(free radical)을 소거시켜 지질의 과산화(peroxidation)를 억제한다. 이처럼 항산화 활성을 지닌 발효유에 존재하는 다양한 균주와 균종의 유산균은 인체의 건강 증진에 큰 영향을 미칠 수 있다.

위와 같은 효능은 *Lactobacillus fermentum* ME-3가 함유된 발효 산양유를 통한 임상 연구에서도 확인되었다. 또한 발효 산양유는 비발효유 대비 항산화 상태, 지질단백 분획의 산화 저항성 연장, 지질단백 과산화물 및 저밀도 지질단백의 산화 감소, 글루타티온(glutathione) 산화환원 비율 감소 및 항산화 활성 증가를 포함하여 총항산화 활성의 현저한 향상을 보였다. 발효유의 항동맥경화 또는 항죽종형성(anti-atherogenic) 활성에는 인체의 위장관에서 일부 lactobacillus에 의해 생성되는 항산화 인자와 α-lactalbumin, β-lactoglobulin 및 α-casein에서 분비되는 다양한 펩타이드 같은 여러 인자들이 관여할 수 있다.

케피어로부터 분리된 세포밖다당류(exopolysaccharide) 역시 항산화 활성을 지닌 것으로 나타났다. 한 연구에서 산화 스트레스와 관련된 미생물을 선택적으로 억제하거나 제거하기 위해 미생물총을 조절함으로써 숙주의 산화 상태 개선과 관련하여 미생물이 분비한 세포밖다당류의 작용 메커니즘을 제안하였다.

티벳 케피어(Tibet Kefir)에서 분리한 *Lactobacillus plantarum* YW11은 시험관내 및 생체내 실험에서, 글루타티온 퍼옥시다아제, 슈퍼옥사이드 디스뮤타아제, 카탈라아제 및 총항산화능을 포함하여 높은 항산화 활성을 나타내었으나, 유지의 산화에 따른 2차 생성물인 말론디알데히드(malondialdehyde) 수준은 감소하였다.

케피어 섭취는 글루타티온 퍼옥시다아제(glutathione peroxidase) 수준의 증가 및 말론디알데히드 수준을 감소시켜, 산화적 스트레스에 대한 보호 효과를 나타내었고, 지질의 과산화를 감소시키 것으로도 나타났다. 케피어는 또한 산화적 손상으로부터 세포 DNA를 보호하는 항산화 제 역할을 함으로서 항암성 지니고, 우유에 함유된 대부분의 미생물은 슈퍼옥사이드 디스뮤타아제(superoxide dismutase) 또는 글루타티온을 생성하는 항산화 작용을 하는 것으로 밝혀졌다.

13. 요구르트와 혈압강하 효과(hypotensive effects)

프로바이오틱스 미생물은 우유 단백질을 가수분해하여 다양한 생물학적 기능을 지닌 올리고펩타이드(oligopeptide)를 생성한다. 여기에는 Val-Pro-Pro 및 Ile-Pro-Pro와 같은 안지오텐신 변환효소(ACE, angiotensin-converting enzyme)의 활성을 억제하여 혈압 강하 효과를 발휘하는 작은 펩타이드 결합이 포함된다.

신장의 방사구체 장치로부터 방출된 단백질 분해효소 레닌(rennin)은 혈장글로불린 중의 레닌 기질인 안지오텐신노젠에 작용하여 10개의 아미노산으로 구성된 안지오텐신 I(angiotensin Ⅰ)을 생성한다. 안지오텐신은 혈관수축 등의 생리작용을 야기하는 폴리펩타이드이며, 안지오텐신 I에 작용해서 아미노산 10개로 이루어진 안지오텐신 II(강력한 승압작용)를 생성하는 효소가 안지오텐신 변환효소(ACE)이다.

우유의 발효공정 중에 미생물의 단백질 분해활성은 더 많은 수의 아미노산 단위로 구성된 혈압 강하 성분인 카소키닌(kasokinin)과 락토키니스(lactokinis) 펩타이드를 생성한다. 발효 산양유에 함유된 분자량이 작은 생리활성 펩타이드(non-basic bioactive peptides)는 ACE 억제, 항산화 및 항균 활성 기능을 나타낸다. 이는 산화적 스트레스와 고혈압과 관련된 심혈관 질환의 예방에 발효 산양유의 섭취 효과를 입증하는 것이 된다. 또한 발효 산양유는 심혈관계에 잠재적으로 긍정적인 건강 영향을 미치는 영양학적 특성을 가지고 있어 염증반응 신호, 대식세포 활성화 및 죽상 동맥경화증(atherosclerosis)의 발병과 관련된 반응을 감소키는 것으로 나타났다.

시험관내 및 생체 내 임상 연구에서 일부 발효유는 항고혈압제이며, 대부분의 경우에 있어 이러한 효과는 우유 펩타이드에 기인한 것으로 나타났다. 이러한 발효유의 효능은 합성 ACE 억제제만큼이나 효과적인 결과를 보여주었다. 따라서 발효유는 일일 식단의 일부가 될 수 있기 때문에 혈압 강하제로서의 기능을 할 수도 있다. 항고혈압 펩타이드와 관련된 여러 연구가 수행되었으나, 현재까지도 항고혈압 효과가 있는 시판용 발효유는 거의 없는 상태이다.

14. 특정 유산균(LAB) 및 비피더스균의 건강증진 효과

유산균(LAB, lactic acid bacteria)는 산업적으로 매우 중요하며, 우유의 보존성 향상과 발효공정을 통해 치즈, 요구르트, 케피어 및 버터 밀크 등을 만드는 데 사용이 된다. 그램 양성균(gram positive) 그룹의 *Lactobacillus, Leuconostoc, Lactococcus,*

Streptococcus 및 *Pediococcus* 속(genera)이 주로 사용되고 있다. 이들은 탁월한 발효 능력은 물론이고, 영양 성분의 강화, 관능 특성의 개선, 식품 안전성 개선 및 건강상 다양한 이점을 제공하고 있다.

특성상 변질되기 쉬운 우유는 유산균에 의한 발효과정을 거쳐 보존성이 연장되며, 우유에 함유된 영양 성분을 보존하는 데도 많은 도움이 된다. 유산균의 발효를 통해 생산된 제품은 품질이 양호하고, 식품으로서 높은 관능 특성을 지니게 된다. 최근에는 병원균 및 일부 부패 미생물에 의해 생성되는 독소를 예방하는 것과 같은 건강증진 부분을 강조한 다양한 발효유 제품이 개발, 시판되고 있다.

우유 발효에 사용되는 유산균은 스타터 컬처(starter culture)로 규격화 되어 있으며, 우유 역시 유산균의 자연적인 서식지로 알려져 있다. 우유 발효 기술은 일반적으로 비용 효율적이고, 공정도 비교적 간단하다. 유산균 발효는 조절된 조건(배양온도와 시간) 하에서 스타터 컬처의 첨가에 의해 비교적 대용량으로 발효가 진행된다. 자연 발효제품과 비교하여 유산균으로 구성된 스타터 컬처는 우유제품에서 미생물의 다양성을 줄이는 효과가 있다.

유산균은 발효 유제품에서 주요 미생물상(microflora)을 지배하고 있으며, 여기에는 많은 종(species)들이 관여하고 있다. 유제품 발효에 있어 유산균은 성장 최적 조건에 따라 2그룹으로 나눌 수 있는데, 중온성(mesophilic) 유산균은 20~30℃의 성장 온도를 그리고 고온성 또는 호열성(thermophilic) 유산균은 30~45℃ 범위가 성장 최적 온도이다.

서유럽 및 북유럽 제품에는 중온성, 아시아(아열대) 지역 제품에는 고온성 미생물을 주로 사용한다. 포도당이 발효하는 과정에서 발효 생성물의 종류에 따라 유산균은 호모발효(homofermentation) 및 헤테로발효(heterofermentation)의 2그룹으로 나뉜다. 호모발효 미생물에는 *Pediococcus, Lactococcus* 및 *Streptococcus* 등이 포함되며, 유산(젖산)이 포도당 발효로부터 생성되는 유일한 생성물이다. 헤테로발효 미생물은 *Leuconostoc*와 *Weissella*(와이셀라, 비교적 최근에 발견된 류코노스톡 속과 유사한 젖산균 속)가 있고, 포도당으로부터 유산 이외에 CO_2와 에탄올을 생산하는 것이 특징이다.

14.1 *Lactobacillus casei* (LCG)

Lactobacillus casei 그룹(LCG)은 서로 밀접한 관련이 있는 *Lactobacillus casei, Lactobacillus paracasei* 및 *Lactobacillus rhamnosus*로 구성되어 있으며, 가장 널리 연구되었고, 현재에도 유용하게 사용되고 있는 유산균 종(species) 중의 일부이다. 이

들 3종은 이들이 지닌 잠재적인 건강증진 효과로 인해 전 세계적으로 광범위하게 연구, 분류 및 재분류된 미생물이다.

전통적인 표현형(pheotypic) 및 유전자형(genotypic) 방법으로는 차별화가 어렵기 때문에 이들 3종을 구별하기 위한 과학적인 방법이 지속적으로 개발되고 있다. 이 그룹은 생균제(probiotics)로서 기능과 관련하여 여전히 인기가 있으며, 산업적인 이용 역시 활발히 이루어지고 있다. 최근 몇 년 동안 많은 연구는 여러 질병 및 장애의 치료 또는 예방 등과 같은 건강증진 기능에 중점을 두고 있다.

LCG는 장내 미생물총의 장애(불균형)와 관련된 질병에서 예방적 또는 치료적인 목적으로 사용될 가능성이 있다. 이들 유산균은 생존에 결정적인 스트레스 반응과 관련하여 널리 연구되어 왔으며, 또한 생균제로서 중요한 역할을 하고 있다. LCG에는 프로바이오틱스 활성이 입증된 수많은 균주가 포함되어 있다. 프로바이오틱스는 "적절한 양을 섭취할 경우 숙주에게 건강상의 이점 제공하는 살아있는 미생물(live microorganisms)"로 정의하고 있다.

메치니코프(Elie Metchnikoff)가 발효유 제품의 일상적인 섭취가 인체 건강에 유익한 영향을 미친다고 처음 제안한 이래로 건강상 유익한 미생물에 대한 연구가 본격적으로 시작되었다. 대다수의 과학 논문에서 메치니코프가 항상 프로바이오틱스 인간의 건강에 유익하다는 발상의 아버지로 여겨져 왔으나, 그의 명성은 같은 해 식세포작용 또는 식균작용(phagocytosis)에 관한 논문으로 노벨상을 수상한 것보다 1908년에 출판된 그의 저서 "생명의 연장; 낙관적인 연구(The prolongation of life; optimistic studies)"와 더 관련이 있다.

이 책에서 그는 장내 미생물상의 식균작용이 독성물질을 생성하여 노화과정을 일으키고, 이러한 단백질 분해 미생물에 대한 향후 연구를 통해 예방될 수 있다면 결과는 더 긴 수명을 기대할 수 있을 것이라고 제안했다. 식균작용은 세포가 환경으로부터 고형입자를 잡아들이는 활동으로, 외부로부터 침입한 병원균 등을 세포내로 잡아들여 세포내 소화를 하는 현상을 일컫는다.

메치니코프는 유제품에 함유되어 있는 유산균이 유당을 분해하고, 단백질 분해 미생물의 성장을 억제함으로써 대장내 pH를 낮출 수 있다고 추정했다. 이 가설에 대한 증거는 많은 양의 발효 유제품을 소비하는 불가리아의 산악지역에 사는 주민들이 다른 지역의 사람들보다 장수한다는 사실이었다.

그는 이 논문을 뒷받침하기 위해 연구를 직접 수행했으며, 자신의 건강 유지를 위해 매일 사워 밀크(sour milk)를 마신다고 했다. *Lactobacillus casei* 균주는 유럽과 아시아 지역에서 발효유 제품을 제조하는 데 널리 사용되고 있다. 특히 *Lactobacillus casei* DN114001(Danone, 프랑스)와 *Lactobacillus casei* Shirota(Yakult, 일본) 균주는 요구르트 제품인 Actimel(active milk)과 Yakult에 사용되는 대표적인 프로바이오틱스이다.

1930년 일본의 미생물학자 시로타(Minoru Shirota) 박사는 세계 최초로 교토제국대학(Kyoto Imperial University) 의학부 미생물학과에서 인체 건강에 유익한 유산균 균주를 선발, 배양하는데 성공했다. 이 균주는 시로타 박사 자신의 이름을 따서 락토바실루스 카제이 시로타(*Lactobacillus casei* Shirota)로 명명되었으며, 이후 2020년 4월에 *Lactobacillus paracasei* Shirota로 재분류되었다.

LCG와 관련된 건강상의 이점은 아토피성 피부염(atopic dermatitis)에서 암에 이르기까지 다양한 건강증진 효과에 대하여 보고되었다. 그러나 이들 미생물이 직접 또는 간접적으로 인체 건강에 유익한 영향을 미치는 메커니즘은 아직 완전히 밝혀진 것은 아니며, 추후 지속적인 연구가 필요한 부문이다. 가능성 있는 메커니즘으로는 박테리오신(bacteriocin)과 같은 항균물질의 생성, 부착을 통한 상피세포 장벽 강화, 병원성 결합 부위와의 경쟁 또는 면역체계의 조절 등이 포함되어 있다.

이러한 미생물의 정제 및 제품내 함유 방법에 대한 많은 관심이 집중되었으며, 전달 매트릭스는 세균감염이나 장 내용물의 병적 발효 등으로 인한 대장염(colitis) 치료에 있어 *Lactobaciluus casei* BL23의 효과에 영향을 미치는 것으로 나타났다. 실제로 이 균주는 우유로 섭취했을 때에만 미생물총을 회복시켰다. 또한 *Lactobacillus casei* 균주는 여러 연구에서 장염유발 로타바이러스(rotavirus)를 포함한 바이러스성 설사에 효과적이고, 방광암의 재발 감소 및 면역 조절작용 기능이 있는 것으로 확인되었다.

표 10-6. *L. paracasei* NFBC 338에 의한 프로바이오틱 활성 기능

기 능	작용 기작
뇌 기능 증진(enhanced brain function)	미주신경(vagus nerve) 경유
항암 활성(anti-cancer activity)	종양(tumor) 크기 감소
장벽기능 향상(enhanced barrier function)	밀착 연접(tight junctions)
병원성 저항성(pathogen resistance)	박테리오신, 경쟁적 배제(bacteriocins, compepetitive exclusion)
면역기능 조절(immune modulation)	면역세포와 상호작용(interaction with immune cells)

다른 연구에서는 건강한 중년 및 노인 지원자를 대상으로 *Lactobacillus casei* Shirota 균주의 생균 4×10^{10} CFU/㎖ 수준을 함유한 발효유를 3주 동안 음용 후에 자연살해세포(natural killer cell)의 활성 및 기타 면역기능 등을 검사하였다.

중년 지원자 실험군의 경우, NK 활성은 섭취 시작 3주 후에 현저히 증가하였고, 상승된 NK세포 활성은 다음 3주 동안 유지되었으며, 이러한 효과는 NK 활성이 낮은 개인에서 특히 두드러졌다. 노인 대상 실험군에서는 대조군 3주차에는 섭취 시작 후 NK 활성이 현저히 감소하였으나, *Lactobacillus casei* Shirota 섭취 군에서는 NK 활성을 유지하였다.

이러한 결과는 *Lactobacillus casei* Shirota 함유 발효유의 매일 섭취가 NK 세포 활성에 긍정적인 영향을 미친다는 것을 시사하는 것이다. NK 세포는 비정상세포를 인지할 수 있는 다양한 수용체를 가지고 있기 때문에 암세포나 바이러스 감염세포 등의 비정상적인 세포를 스스로 감지하고 즉각적으로 제거하는 기능을 수행한다.

14.2 *Lactobacillus rhamnosus* GG(LGG)

L. rhamnosus GG(ATCC 53103) 균은 원래 건강한 인체의 위장관에서 1983년에 분리된 *L. rhamnosus* 균주이다. 1985년 4월 17일 고르바흐(Sherwood Gorbach)와 골딘(Barry Goldin) 교수가 특허를 신청했으며, “GG”는 이들 교수 성의 첫 글자를 나타낸다. 고르바흐와 골딘 교수가 제출한 특허는 American Type Culture Collection (ATCC) 가입 번호 53103과 함께 “*L. acidophilus* GG” 균주를 가리킨다. 이어서 이 균주는 재검토되어 *L. rhamnosus* 종(species)의 일원으로 최종 확인되었다.

이들이 제출한 특허에서는 *L. rhamnosus* GG(ATCC 53103) 균주가 기능적으로 프로바이오틱스 균주의 필수적인 특성으로 알려진 산 및 담즙 안정성(acid- & bile-stable)이 있다고 주장하였다. 또한 이 균주는 인체의 장 점막 세포에 대한 높은 결합력(avidity)을지니고 있으며, 유산을 생산한다. 균주 GG는 마우스 및 인체의 장기에서 프로바이오틱스 치료제로 적용되었으며, 수많은 임상시험 연구에서 밝혀진 바와 같이 다양한 형태의 위장 질환, 호흡기 질환 및 질병 치료에 유용한 것으로 확인되었다.

그리고 *L. rhamnosus* GG를 프로바이오틱 치료제로 이용한 여러 가지 형태의 기능 장애와 질병에 대한 연구도 있었다. 이들 연구에서는 질 및 비뇨기 건강을 개선하고, 질 자극을 줄이기 위한 유용한 접근법으로 *L. rhamnosus*의 잠재적인 가능성을 검토하기도 했다. LGG는 인체의 장관에서 발견되는 여러 미생물 중에서도 장상피세포 부착능, 내산성 및 내담즙성, 유독성 미생물에 대한 항균물질 분비능이 우수한 것으로 알려져 있다. 한편, LGG 균주와 같은 일부 프로바이오틱스 미생물은 유아의 급성 수양성 설사, 광범위한 항생제 치료에 따른 미생물총의 불균형으로 유발되는 항생제 유발 설사 및 원거리의 타 지역 여행 시 환경변화 등으로 발생하는 여행자 설사 예방에도 효과적인 것으로 나타났다.

14.3 *Lactobacillus reuteri*

락토바실러스 루테리(*Lactobacillus reuteri*)는 여러 종의 포유류에서 집락화된 생균이며, 오래 전부터 이에 대한 많은 연구가 진행되었다. 인체에서 *L. reuteri*는 위장관(GI, gastrointestinal), 요로(urinary tract), 피부 등의 신체 부위와 모유(breast milk) 등에서 발견되었다.

*L. reuteri*는 인체의 위장관내에 서식하는 토착 미생물 중의 하나이며, 이 균주는 또한 돼지, 설치류 및 닭을 포함한 다양한 척추동물의 위장내에서도 자연적으로 집락을 형성, 서식하고 있다. 사실 이 균주는 장기적인 진화를 거쳐서 숙주 적응 혈통(host-adapted lineages)으로 다양화 되었고, 이들 균주는 전형적으로 숙주의 근위 소화관 부위에서 가장 전형적으로 발견되고 있다.

*Lactobacillus*의 한 종인 *L. reuteri*는 여러 가지 장애의 예방 및 개선(amelioration)과 같은 숙주의 건강 유지에 유익한 효과를 발휘하는 것으로 알려져 있는데, 이 균주는 1962년 로이터(Gerhard Reuter)에 처음으로 분리되었다. *L. reuteri*는 건강한 인체와 동물의 장관 내에 존재하며, 포도당(glucose)이 존재하지 않을 때 글리세롤(glycerol)을 대사하여 강력한 스펙트럼의 항균물질인 루테린(reuterin)을 생성하는 유일한 유산균(obligately heterofermentative)이다(CO_2, 초산 또는 에탄올, 유산 생성).

루테린 성분은 위장관에 존재하는 것으로 여겨지는 것과 유사한 pH, 온도 및 혐기성(anaerobiosis) 조건에서 휴지 세포에 의해 생성, 분비된다. 최소농도 억제(MIC, minimum inhibitory concentration) 실험을 이용한 루테린의 생물학적 활성 측정 결과 ㎖당 2~5배 단위의 루테린이 4~5배의 높은 억제 농도를 필요로 하는 유산균을 제외한 모든 미생물의 성장을 억제한다는 사실이 밝혀졌다. 실험 결과를 토대로 "*L. reuteri*-reuterin system"은 이처럼 복잡한 생태계에서 공생관계에 있음을 주장하였다. 1990년대 중반부터 *L. reuteri*는 식품산업, 특히 유가공 산업 분야에서 발효 및 비발효 제품의 생균제 형태로 첨가하기 시작하였고, 산성 발효 유제품 생산에 주로 사용되었다.

스웨덴에서는 1991년 *L. acidophilus, Bifidobacterium infantis*와 함께 *L. reuteri* ATCC SD2112(모유에서 분리)를 사용하여 특수 음료 및 발효유를 생산하기 시작하였다. 이들 제품은 "BRA-milk"라는 이름으로 상품화되었다.

프로바이오틱스 효능을 지닌 *L. reuteri* ATCC SD2112 균종의 사용에 관해서는 특허로 보호받고 있다. 스위스 시장에서는 1995년부터 "Sym Balance[R]" 라는 제품명의 산성 우유(acid milk) 제품이 출시되었다. 이는 *L. acidophilus, L. casei* 및 2종의 *Bifidobacterium* 균종처럼 다른 프로바이오틱스와 함께 *L. ruteri* ATCC SD2112 균종의 사용에 있어 스웨덴 특허 보호로부터 허가를 받았다.

이상과 같이 *L. reuteri*는 다양한 위장관 감염(미생물 항상성 유지)을 치료, 예방할 수 있는 가능성을 고려할 때 효과적인 생균제임이 증명되었고 할 수 있다.

14.4 *Lactobacillus acidophilus*

Lactobacillus acidophilus(이하 La)는 유가공산업 분야에서 널리 사용되어 왔으며, 최근에는 프로바이오틱스 균주로 각광받고 있는 그램양성 유산균이다. La는 사람이 섭취하는 데 대한 안전성이 인정되었으나, 각종 상업적인 규제와 프로바이오틱스 검증에 대한 임상적 요구가 증가함에 따라 유전적인 다양성에 대한 이해가 필요하다. 이에 2014년의 한 연구에서는 대규모로 잘 특화된 유산균 은행(collection)을 이용하여 약 92년 동안의 La 분리균과 현재 상업적으로 사용되고 있는 여러 균주를 포함하는 La 균주를 조사하였다.

전체 게놈 서열 데이터 세트(34개의 분리 게놈)의 분석 결과, La는 이러한 서열 수준에서 본질적으로 동일한 시판 제품의 분리균과 함께 낮은 다양성 지닌 단일계통의(monophyletic) 균종임을 입증하였다. 이는 상업적인 사용이 현재 전 세계적으로 소비되고 있는, 유전적으로 안정하고 변이가 없는 La 균종으로 순양(domestication) 시킨 것으로 보고 있다.

La 균주는 1900년 처음으로 모로(Ernest Moro)가 유아의 분변에서 그램 양성, 무포자 간균(asporogenous rod)을 분리하여 *Bacillus acidophilus*라 명명하였고, 이후 1929년에 이 균종은 네덜란드에서 *Lactobacillus* 속에 포함시켰다. 모로의 원래 균종은 아마도 잃어버렸을 것으로 추정되며, 현재의 미생물 분류 기준에 따르면 모로의 설명은 매우 불완전한 것이 사실이다. 이후 1970년에 이르러서 *Lactobacillus acidophilus* ATCC4356이 La의 표준 균주로 자리답게 되었다.

La는 최대 45℃에서도 성장할 수 있으나, 성장 적온은 35～40℃이다. 그리고 pH 6.4～4.5의 약산성 배지에서 잘 자라지만, pH 4.0～3.6에 도달하면 성장을 멈춘다.

내산성(acid tolerance)은 적정산도 기준으로 0.3%에서 1.9% 범위에 있으나, 최적 pH는 5.5~6.0이다. La는 인체와 동물의 장관에 존재하는 토착 우점 균종으로 조건 혐기성 간균이다.

이 균주는 소화관 내의 낮은 pH, 담즙산 및 라이소자임(lysozyme)에 대한 저항성은 물론 위장관 세포 흡착성으로 인하여 소화기관 내(회장 말단부위)에서 생존성과 정착성이 우수한 것으로 나타났다. 또한 장내 균총 안정화, 유해세균 증식 억제, 항균물질 생성, 유당불내증 완화, 독성 아민 생성 감소 및 설사 증상 완화 등의 효과도 인정되고 있다. 이러한 효능으로 인해 La는 발효유, 건강기능식품 및 동물약품 등에 프로바이오틱스 소재로 널리 사용되고 있다.

프로바이오틱스 미생물 균주는 일반적으로 *Lactobacillus*의 균종과 균주의 분별이 어렵기 때문에 제품에 잘못 표시되거나 아예 표시를 하지 않는 경우도 있었다. La의 주요 상업적 프로바이오틱스 균주는 2007년에 기술되었으며, *L. acidophilus* LA-1과 LA-5(Chr. Hasen, Denmark), NCFM(Dansico, Madison), DDS-1(Nebraska Cultures, Nebraska) 및 SBT-2026(Snow Brand Milk Products, Tokyo, Japan) 등이 포함되어 있다.

14.5 비피더스균(Bifidibacteria)

비피더스균(Bifidobacteria)은 1899년 프랑스 소아과 의사(파스퇴르연구소)인 티씨어(Henri Tissier)에 의해 모유를 수유하는 유아의 분변에서 최초로 분리되었다. 비피더스균의 주요한 서식지는 인체의 위장관으로서, 소장보다는 대장에서 보다 높은 수준으로 검출되며, 구강 및 여성 생식기 등에서도 발견이 된다. 비피더스균은 신생아의 경우 출생 후 1주일 동안 장내 미생물의 대부분(60~70%)을 차지하며, 성인의 경우에 있어서는 장내균총의 일부(0~5%)을 구성하고 있다.

이처럼 악티노박테리아 문(Actinobacteria phylum)에 속하는 비피더스균은 위장관에서 서식하는 정상적인 미생물이다. 통성 혐기성균(facultative anaerobes)으로서, 산소 고갈 후 비피더스균 집단은 건강한 유아의 장내에 존재하는 가장 풍부한 미생물 속(genus)이다. 유아기를 정점으로 성인기에는 수치가 상당히 감소하지만 상대적으로 안정적이며(비피더스균 비율은 약 10~40%), 노년기에는 급격히 감소한다.

특정 비피더스 균주는 역사적으로 오랜 기간 동안의 발효유 음용과 이의 생리학 및 게놈(genome) 관련 연구로, 안전성이 인증된 프로바이오틱스로 널리 사용되고 있다. 비피더스균 속은 장벽 효과, 면역계의 자극 및 각종 유익한 건강유지 기능에 중요한 역할을 하는 것으로 나타났다.

이미 언급한 바와 같이 비피더스균은 위장관 부위에서 정상적으로 서식하는 미생물로서, 인체와 동물의 결장에서 흔히 발견되는 프로바이오틱스 균주이다. 이 균은 한때 유산균 속으로 분류되었지만, 계통 발생학적으로 유산균과 구별되며, 현재는 Actinobacteria 문(phylum)으로 분류된다.

2022년 현재 25종 중에서 10종만이 프로바이오틱스로서 *L. acidophilus*와 조합하여 상업적으로 사용하고 있다. 예를 들면 *Bifidobacterium bifidum, B. infantis* 및 *B. lactis*가 있다. 비피더스균의 형태는 보통 V 또는 Y 모양의 쌍으로 이루어져 있다. 비피더스균은 혐기성, 비병원성, 그램 양성, 비포자 형성, 다형성 간균(plomorphic rod) 및 카탈라아제 음성이다. 유산균과 달리 비피더스균은 G+C 함량(55～67 mol%)이 높고, *B. longum*을 제외하고는 세포질에서 플라스미드가 거의 검출되지 않는다. 이들의 성장 최적온도는 37～41℃, 최적 pH는 6.5～7.0 범위이다.

비피더스균은 일반적인 호기조건에는 배양이 어려운 극도의 혐기적인 배양조건을 필요로 하며, 영양 요구성도 매우 까다롭다. 인체 기원의 비피더스균은 과당, 갈락토스 및 유당을 이용할 수 있다. 또한 이들은 결장에서 발견되는 주요 당분해성(saccharolytic) 미생물이며, 결장에서 비소화성 올리고당을 이용하여 독특한 fructose-6-phosphate-phosphoketolase 경로를 통해 3 : 2의 비율로 초산과 유산을 생산할 수 있다.

비피더스균의 서로 다른 종 및 변종은 장내 미생물 항상성의 조절, 미생물 내의 발암 전구물질의 효소(procarcinogenic enzyme)의 활성 억제, 비타민의 생성 및 다수의 식이 화합물을 생체활성 분자로의 생물 전환(bioconversion)과 같은 다른 유익한 건강 효과를 나타낼 수 있다. 또한 비피더스균은 대식세포와 림프구의 활성화, 항체 생성, 비장에서의 유사분열 촉진반응(mitogenic response), 페이에르판(Peyer's patches) 및 자연살해세포 기능 등을 통하여 여러 가지 면역기능을 향상시킨다. 페이에르판은 장에 딸린 림프조직으로서, 침입한 항원에 대한 국소 면역기능을 담당한다.

제11장
요구르트의 이용

1. 세계 각지의 요구르트(yogurt around the world)

매우 다양한 종류의 발효 유제품(cultured milk products) 중에는 치즈 및 케피어가 있으나, 요구르트 타입 요리는 겔화성 조직을 지니며, 일반적으로 요구르트 발효에는 2～6종의 제한된 미생물(주로 유산균) 균주가 사용되어 균주의 선택 및 이용에는 상당한 제한이 따른다. 요구르트는 또한 꽤 단시간 내에 만들 수가 있다.

전 세계 문화권에는 요구르트 또는 요구르트와 유사한 발효우유 제품을 기본으로 한 전통적인 발효우유 요리가 있다. 세계의 각 지역에서는 다양한 방식으로 그들만의 전통 요구르트를 만들어 음용해 왔다.

건강 증진의 매개체로 인식되는 유명한 유산균 컬처 제품으로는 마쪼니(matsoni, 조지아), 빌리(viili, 핀란드), 필미여크(filmjölk, 스웨덴) 및 피마(piimä, 핀란드) 등이 있다. 요구르트뿐만 아니라 케피어나 쿠미스(Kumis)와 같은 다른 발효유들도 오랫동안 인류 음식문화의 일부로 자리 잡아 왔다. 이들 발효유 제품은 다양한 전통적인 요리의 재료들이며, 실용적인 간식과 주식이 될 수 있음은 물론이고, 심지어 우리가 유아기에 먹었던 최초의 고체 음식들 중 하나였을지도 모른다.

일반 사람들은 요구르트가 기원전 5,000년으로 거슬러 올라가는 고대의 뿌리를 가지고 있거나, 전 세계에는 많은 종류의 요구르트가 있다는 것을 모를 수도 있다. 이러한 유제품은 기원전 10,000년에서 5,000년 사이에 우리 인류의 식단에 도입된 것으로 여겨진다.

옛날에는 신선한 우유를 오래 보존하기가 어려웠기 때문에 사람들은 결국 어떤 조건에서는 우유가 산성화 되어 더 농후해질 뿐만 아니라 보다 더 오래 보존될 수 있다는 사실을 발견하게 되었다. 그러나 이러한 변화의 과정에 대한 과학적인 사실을 위해서는 수천 년이라는 세월이 걸렸다. 산소가 없는 상태에서 미생물이나 효모에 의한 탄수화물의 분해과정을 통하여 요구르트, 치즈, 케피어, 빵, 맥주, 와인, 김치, 된장 및 소금에 절인 양배추 등의 무수한 발효식품을 만들 수 있게 되었다.

표 11-1. 세계 각 지역별 전통 요구르트

형 상	명 칭 지역 / 국가	형 상	명 칭 지역 / 국가
	라브네 (Labneh) 아랍 국가		미스티 다히 (Mishti dahi) 인도 동부
	차지키 (Tzatziki) 그리스		라씨 (Lassi) 인도
	차스 (Chaas) 인도		클래버 (Clabber) 인도 남서부
	아마시 (Amasi) 남아프리카		다디아 (Dadiah/Dadih) 인도네시아 수마트라
	아이란 (Ayran) 터키		스퀴르 (Skyr) 아이슬란드

■ 라브네(Labneh)

중동 지역의 아랍 국가에서 인기 있는 샌드위치용의 스트레인(유청 배출) 요구르트의 일종으로서, 중동의 스트레인 요구르트(strained yogurt) 또는 요구르트-치즈(yogurt-cheese)이다.

요구르트를 천을 이용해 여과 또는 걸러내면(strained) 요구르트 내의 액상 유청 함량이 줄어들어 크림 같은 조직감과 약간 톡 쏘는 맛이 나면서 퍼짐성 있는 요구르트-치즈(spreadable yoghurt-cheese)로 바뀌게 된다. 이는 납작한 빵이나 토스트에 발라먹는 것이 맛이 있고, 아니면 토핑과 함께 전채 요리의 일종인 메제(Mezze)와 함께 내놓기도 한다.

여기에 올리브 오일, 슬라이스 오이, 올리브 및 다양한 녹색 허브를 첨가하여 먹기도 한다. 그리고 양파, 고기 및 견과류 등과 함께 각종 파이 또는 킵베 볼(kebbeh ball)의 속재료로 사용한다.

■ 미스티 다히(Mishti dahi)

미스티 다히(Mishti dahi 또는 Mishti doi)는 인도 벵골 지역에서 기원한 감미가 있는 발효 요구르트이다. 이는 우유와 설탕 또는 인도산 설탕인 재거리(Jaggery)로 만들며, 조제의 기술 때문에 일반 플레인 요구르트와는 다르다.

미스티 다히는 우유가 약간 농후해질 때까지 끓인 다음 설탕, 갈색 설탕 또는 당밀(molasses) 등의 감미료를 첨가하고, 밤새 발효를 시킨다. 수분이 서서히 증발하면서 요구르트를 더욱 농후하게 만들 뿐만 아니라 컬처의 성장에 적합한 온도를 만들기 때문에 항상 다공성 도기(porous earthenware)를 사용하는 것이 특징이다.

종종 요구르트의 풍미 강화를 위해 생강과 식물 종자의 일종인 카다멈(cardamom)을 소량 첨가하기도 한다. 이처럼 미스티 다히는 오픈된 용기에서 우유를 끓인 후 유청을 배출시켜 만든(boiling straind yogurt) 요구르트로서 농후하고, 커스터드 같은 점조도 및 감미를 지니고 있다.

■ 차지키(Tzatziki)

차지키(Tzatziki)는 그리스에서 그릭 요구르트(strained yogurt)로 만든 전통 소스이다. 그릭 요구르트에 주로 오이, 마늘, 소금, 올리브 오일 때로는 식초 또는 레몬 주스와 허브의 일종인 딜(dill), 박하(mint), 파슬리(parsley) 및 백리향(thyme) 등을 섞어 만든다.

이는 그리스의 고기구이 음식인 기로스(gyros) 및 고기와 채소를 꼬치에 끼워 숯불이나 그릴에 구워 먹는 수블라키 샌드위치(souvlaki pita sandwiches)와 잘 어울리는 것으로도 유명하다.

■ 라씨(Lassi)

라씨(Lassi) 발효 유제품인 다히에 물, 향신료 때로는 과일을 섞어 만든 인도의 대중적인 전통 음료로서, 스무디(smoothie) 같은 점조도를 지니고 있다. 이 음료는 인도 지역에서는 차가운 상태로 거의 매일 주 음료로 음용하고 있다.

가염 라씨(salted Lassi)는 카다멈(cardamom), 커민(미나리과 식물, cumin) 또는 터메릭(강황 분말, turmeric)을 섞는 반면에, 스위트 라씨(sweet Lassi)에는 일반 감미료, 과일 주스 또는 과일 펄프, 장미수(rosewater), 사프란(saffron) 및 버터 등이 첨가된다.

■ 차스(Chaas)

차스(Chaas)는 나무로 만든 마다니(madhani, whipper)라는 거품기를 이용하여 요구르트(curds/dahi)와 냉수를 함께 냄비에 넣고 휘젓는 방식으로 만든다. 이는 플레인 형태로 음용하거나, 다양한 향신료를 첨가하거나 감미료를 넣어 이용하기도 한다(Meethi Chaas). 차스는 신선한 요구르트로 만들 수 있으며, 차스의 본래 풍미는 약간의 감미가 있다.

사실 차스는 라씨와 유사하지만 수분함량은 더 높고, 버터 지방은 더 낮은 것이 특징이다. 소금, 미나리과 식물인 고수(coriander), 생강 및 그린 칠리(green chili) 등이 차스에 첨가하는 향신료로 사용된다.

■ 클래버(Clabber)

클래버(Clabber)는 인도 남서부 지역에서 살균하지 않은 원유(raw milk)를 실온에서 수일간 정치시켜 자연발효를 통하여 만든 사워 밀크 또는 산유(sour milk)이다.

원유 자체를 특정한 습도와 온도로 유지되는 곳에 정치시키면 우유 내에 함유되어 있는 미생물이 요구르트를 만드는 스타터의 작용을 하여 우유가 산성화 되는 원리를 이용한 것이다. 시간이 경과됨에 따라 우유는 걸쭉 또는 농후해지면서 요구르트와 같이 신맛이 나는 물질로 변하는데, 이를 클래버라 부른다.

자연발효를 통하여 만들기 때문에 시간이 오래 걸리고, 요구르트와 유사한 약간의 산미를 지니고 있으나, 요구르트의 특징적인 톡 쏘는 풍미(astringent flavor)는 나타나지 않는다. 갈색 설탕, 육두구(nutmeg, 계피(cinnamon) 또는 당밀(molasses) 등을 넣어 먹는 음료로서, 미국 남부 지방에서도 인기가 있다.

■ 아마시(Amasi)

아프리카 지역에서는 마스(Maas)로도 불리는 아마시(Amasi)는 호리병박(calabash) 또는 가죽으로 만든 용기에서 살균 안한 원유를 자연적으로 발효시킨 제품으로서, 부드러우면서도 거의 치즈와 유사한 풍미를 지닌다(남아프리카에서 기원).

카티지 치즈(Cottage cheese)나 플레인 요구르트 맛이 나는 이 인기 있는 우유 음료는 전통적으로 살균되지 않은 우유를 호리병박 등의 용기에 담아 발효시킨다. 이어서 여분의 수분을 분리하고 남은 다소 농후한 액체가 아마시이다.

주로 우유뿐만 아니라 산양유로 만든 발효유이며, 프로바이오틱스가 풍부하고 칼슘, 비타민 E, 철분, 마그네슘 및 단백질의 훌륭한 공급원이다. 이는 또한 요구르트처럼 살균유에 *Lactococcus lactis* subsp. *lactis* 및 *Lactococcus lactis* subsp. *cremoris*를 넣어 만들 수도 있다.

■ 다디아 / 다디(Dadiah / Dadih)

인도네시아 서수마트라 지역에서 인기 있는 전통 발효유인 다디아(Dadiah) 또는 다디(Dadih)는 살균되지 않은 신선한 물소 젖을 대나무 통 안에 넣고, 바나나 잎으로 입구를 덮은 다음에 2일간 실온에서 자연 발효시켜 만든다. 이는 원래 물소 젖에 존재하는 토착 유산균에 의해 발효가 개시된다. 다디아에서 발견되는 자연의 토착 유산균은 대나무 통, 물소 젖 또는 바나나 잎에서 기원한 것일 수가 있다.

인도네시아에서 다디아는 암피앙(ampiang, 전통 찹쌀 크리스피)과 야자당(palm sugar)과 함께 섞어 보통 아침 식사로 먹으며, 또한 따뜻한 쌀밥과 붉은 고추, 강판에 간 양파, 라임, 오일 및 식초를 섞어 만든 삼발 소스(sambal sauce)와 같이 먹기도 한다.

■ 아이란(Ayran)

요구르트는 터키의 국민 요리, 특히 풍미 있는 요리를 만드는 데 있어 매우 중요한 역할을 한다. 아이란(Ayran)은 요구르트를 얼음처럼 차가운 물에 희석하여 만든 요구르트 음료(yogurt drink)이다. 때로는 소금, 후추와 민트, 라임 주스 및 세절한 오이 같은 다른 양념을 추가하여 보다 상쾌한 음료를 만들 수 있다.

이미 언급한 바와 같이 아이란은 표준화 시킨 우유(standardized milk)에 *Streptococcus thermophilus*와 *Lactobacillus delbrueckii* subsp. *bulgaricus*를 첨가, 발효시켜 만든 드링크형 발효유이다. 아이란은 중앙아시아, 동유럽 및 중동에서 널리 소비되고 있으며, 화학적 성분 조성은 사용된 우유의 종류, 지방 함량 등에 따라 다르며, 아이란은 소화가 잘 되고, 비타민과 칼슘 함량이 높은 고품질 음료이다.

상업적인 아이란 생산은 터키에서는 요구르트에 물을 첨가하거나, 우유에 먼저 물을 첨가한 다음 희석된 우유를 발효시켜 생산한다. 카자흐스탄에서는 일반적으로 소금이나 다른 첨가제를 첨가하지 않고, 다양한 종류의 원유를 섞어서 만들기 때문에 터키식 아이란보다 농후한 음료가 된다.

제조 공정은 먼저 우유를 85℃에서 15초간 살균한 후 배양온도인 약 45℃로 냉각시킨다. 약 2% 수준의 스타터 컬처를 첨가하고, pH 4.4에 도달하면 배양을 종료한다. 아이란 음료는 요구르트 2컵(470mℓ)에 차가운 물 1컵(237mℓ)을 희석하고, 취향에 따라 1/2 티스푼(2.5g)의 소금을 넣어 만든다.

■ 스퀴르(Skyr)

스퀴르(Skyr)는 아이슬란드 전통 컬처와 우유를 이용하여 만든 아이슬란드식 요구르트이다. 이는 요구르트와 비슷한 점조도를 가지고 있으나, 맛은 더 부드럽다. 이와 같이 스퀴르는 아이슬란드에서 유래한 시큼한 우유 치즈로, 아마도 1천 년 전부터 만들어진 것으로 추정하고 있다. 원래 노르웨이는 전통적인 스퀴르 제조법을 가지고 있었기 때문에 스퀴르의 일부 버전은 아이슬란드에 바이킹이 정착한 시기인 874년경보다 앞선 것으로 여겨진다.

많은 사람들이 스퀴르는 신선한 우유를 사용하여 만든 신선한 사워 밀크 치즈(sour milk cheese)로 여기며, 발트해 국가, 독일, 러시아에서 인기가 있다. 최근에는 건강상의 이점으로 인해 미국 및 기타 여러 국가에서도 큰 관심을 끌고 있다. 지방을 제거한 탈지유를 살균한 후 스퀴르 컬처(고온성, *Bacillus bulgaricus* / SKYR YOGURT STARTER CULTURE)를 접종하고 약 8시간 배양한다. 컬처에는 스퀴르 전용 균주와 소량의 렌넷(rennet)이 함유되어 있다. 응고물을 여과하여 유청을 제거하고 남은 고형 성분이 스퀴르이며, 선택적으로 과일향, 바닐라, 커피 및 설탕 등과 같은 풍미물질을 첨가하기도 한다.

스퀴르와 다른 요구르트(사워 밀크)와의 가장 큰 차이점은 스퀴르는 전통적으로 탈지우유에 스타터 첨가와 동시에 렌넷이 첨가된다는 점이다. 렌넷의 첨가는 또한 요구르트 또는 이와 유사한 제품을 만드는 것 보다는 기술적으로는 치즈의 커드를 만드는 일에 속한다. 스퀴르는 일반 요구르트 보다 농후한 크림상 조직을 지니고 있는데, 이는 아이슬란드에서 집안의 가보(heirloom)로 여기는 “아이슬란드 컬처(icelandic culture)”와 우유(때로는 전유)로 스퀴르를 만들기 때문이다. 통상 4컵(950mℓ)의 우유를 가지고 1컵(240mℓ)의 스퀴르를 만들 수 있다.

2. 요구르트를 이용한 다양한 요리

아마도 여러분들은 용기 바닥에 과일 잼 등이 들어 있거나, 과일 잼 또는 시럽이 발효물과 함께 혼합된 상태로 포장된 요구르트를 먹어 보았을 것이며, 현재에도 요구르트는 아주 인기 있는 음료 또는 간식이다.

최근에 대형 마트의 요구르트 코너가 날이 갈수록 커지는 데에는 그럴 만한 이유가 있다. 이 약간의 산미에 감미가 있는 크림상 조직의 요구르트는 단백질 및 각종 영양 성분과 함께 프로바이오틱스(생균제)가 함유되어 있어 아침, 점심 또는 오후의 간식으로도 손색이 없다. 요구르트 제품 자체를 먹는 것도 쉽지만, 디저트의 일종인 베리 파르페(berry parfait) 또는 스무디(smoothie)는 물론 이 크림 같은 발효 유제품(플레인 및 풍미 첨가)을 이용하여 즐길 수 있는 다양한 요리법을 간단히 소개하면 다음과 같다.

■ 제과, 제빵류(baked goods)

일반적으로 요구르트는 빵, 비스킷(biscuits), 머핀(muffin), 케이크를 만들 때 잘 어울리며, 약간의 톡 쏘는 맛과 가볍고 폭신폭신한 질감을 제공한다. 빵, 파운드 케이크(pound cake) 또는 머핀을 만들 때 지방의 일부를 플레인 요구르트로 대체한다(풍미를 필요로 하는 경우 바닐라를 사용).

요구르트는 약간의 톡 쏘는 맛과 함께 많은 수분을 보충하며, 구운 빵류와 잘 어울린다. 그것은 특히 커피 케이크, 치즈 케이크(cheesecake), 심지어 집에서 만드는 도넛(doughnuts)에도 사용할 수가 있다. 단백질 보충을 위해서는 그릭 요구르트(플레인)을 이용하기도 한다. 사워 크림과 케피어 같은 몇몇 제품을 요구르트로 대체하거나, 특별히 요구르트를 넣어 빵을 구울 수가 있다.

만약 조리 시에 일반 요구르트를 필요로 하는데, 그릭 요구르트를 가지고 있다면 약간의 물로 희석하여 사용하면 된다. 이와 반대로 그릭 요구르트가 필요한 경우에는 일반 요구르트에서 액체 성분을 어느 정도 여과한 후 사용할 수도 있다. Apple spice yogurt bread, Blueberry yogurt muffins, Oatmeal yogurt muffins 및 Whole wheat cinnamon waffles 등에는 요구르트를 밀가루 4컵(950mℓ) 기준으로 1~2.5컵(240~620mℓ) 정도 사용한다.

■ 샐러드 드레싱(salad dressings)

좋은 샐러드 드레싱은 샐러드를 즐기는 것과 샐러드에 너무 많은 드레싱을 부어 샐러드를 질식시킬 것 같은 느낌이 있어 차이를 만들 수 있지만, 좋은 크림상 농도의 드레싱은 아마도 여러분이 원하지 않는 많은 지방과 열량을 제공하고 있다.

대부분의 크림상 농도의 드레싱은 마요네즈(mayonnaise)로 만들기 때문에 식초에 갖은 허브를 섞어 만든 드레싱인 비네그레트(vinaigrette)를 원하는 것보다 더 많이 먹게 될지도 모르지만 그 이상은 아닌 것이다. 이에 플레인 또는 그릭 요구르트를 사용하여 매우 만족스럽고 크림 같은 조직을 지닌 맛있는 샐러드 드레싱을 만들 수 있다. 이는 버터밀크, 허브 및 양념과 잘 어우러진 맛있는 랜치 드레싱(ranch dressing)을 만들거나, 잘게 부순 블루 치즈(crumbled blue cheese)를 첨가하기도 한다.

요리에 있어서는 사워 크림 대신 그릭 요구르트를, 그리고 마요네즈 대신에 일반 요구르트를 사용한다. 이처럼 요구르트를 이용한 드레싱은 지방 함량과 열량에 있어 일반 드레싱 보다 함량이 훨씬 낮으면서도 맛있는 것에 대해 매우 놀랄 것이다. 또한 육류나 닭고기를 요구르트에 절이면 식초를 사용하여 만든 산성의 양념장인 마리네이드(marinade)에 절인 것 보다 단백질이 훨씬 부드러워지며, 바삭하지만 질기지 않은 고기로 조리할 수가 있다. 게다가 톡 쏘는 요구르트 드레싱이나 소스를 먹기 전에 살짝 뿌리면 맵거나 약간 쓴맛이 나는 음식의 균형을 맞출 수가 있다. 요구르트는 또한 감자 및 계란 샐러드 그리고 양배추, 당근, 양파 등을 채 썰어 마요네즈에 버무린 샐러드인 콜슬로(coleslaw)와 같은 요리에서 마요네즈를 대체하여 사용하기도 한다.

■ 팬케이크(pancakes)

버터 밀크는 없지만 주말의 아침식사로 플레인 요구를트를 이용하여 팬케이크를 만들 수 있다. 팬케이크는 밀가루, 달걀 및 우유를 섞어 부침개처럼 얇게 지진 것으로서, 미국에서는 보통 아침 식사용으로 이용한다.

요구르트는 다른 어떤 제품 보다 수분 함량(약 85% 이상)이 높고, 상대적으로 지방 함량과 열량은 칼로리가 낮다. 플레인 대신에 바닐라나 과일 맛 요구르트를 사용할 수도 있다. 이 외에도 와플, 커피 케이크 또는 머핀과 같은 다른 아침식사 대용의 빵에도 요구르트를 이용할 수 있다.

■ 사워 크림 대체재(sour cream substitute)

사워 크림(sour cream)은 크림상의 맛있는 제품이지만, 지방 함량(18~20%)이 높아 너무 많이 먹게 되면 비만의 원인이 되기도 한다. 이러한 경우 대체품으로 플레인 그릭 요구르트를 추천한다. 그릭 요구르트는 딥(dips), 드레싱 및 소스에 적합한 대용품이며, 타코(tacos)나 부리토(burritos)의 토핑으로도 사용할 수 있다. 또한 사워 크림 대신에 그릭 요구르트를 구운 감자와 쪽파(chives)에 토핑하여 먹기도 한다.

■ 치킨 샐러드의 마요네즈 대체재

일반인들이 선호하는 치킨 샐러드(chicken salad)의 더 가벼운 버전을 만들려면 마요네즈를 플레인 요구르트로 대체하여 사용한다. 기존의 마요네즈를 사용한 것과는 맛에 있어서 정확히 같지는 않을 수도 있으나, 점점 익숙해지면 그 차이를 거의 느끼지 못할 것이다. 처음에는 마요네즈의 약 50%를 요구르트로 대체하고, 최종적으로 완전 교체 시까지 마요네즈 첨가량을 서서히 줄이는 방법이다.

또한 샌드위치에 발라 먹거나, 마늘과 올리브유로 만든 지중해식 소스로 생선, 해산물 및 채소 요리 등에 곁들여 먹는 용도로 활용하는 아이올리(aioli)를 만드는 데에도 마요네즈 대신에 요구르트를 활용할 수 있다. 그리고 시금치, 아티초크(artichoke) 및 참치 샐러드 같은 딥에 마요네즈 대신 요구르트를 사용한다.

■ 매운맛 또는 음식의 뜨거움 완화용(to cut down heat)

요구르트는 종종 인도의 전통 음식과 기타 다른 매운 음식의 재료로 사용하는데, 그 이유는 간단하다. 크림은 매운맛을 차단하고, 실제로 매운맛과 잘 어울리기 때문이다. 아주 뜨거운 수프 한 그릇 또는 매운 볶음요리 등에 요구르트 한 덩어리를 넣어주면 소량의 요구르트로도 매운맛과 음식의 뜨거움을 상쇄시킬 수 있을 것이다.

■ 크림 딥(creamy dip)

칩과 딥(chips & dip)은 주로 탄수화물 계통의 칩(감자, 옥수, 콩 등)과 소스 형태의 딥으로 서빙되는 요리이다. 칩 딥에 사워 크림이나 마요네즈 대신에 그릭 요구르트를 사용하면 지방 함량과 열량이 낮아져 다이어트에도 효과적이다.

크림 딥에는 과일잼, 땅콩버터, 꿀 및 초콜릿 소스 등을 플레인이나 바닐라 요구르트와 함께 섞을 수도 있다. 이러한 딥에는 과일이나 그레이엄 크래커(Graham cracker)를 적셔 먹으면 달콤한 간식으로도 손색이 없다. 그레이엄 크래커는 통밀가루로 만든 납작한 직사각형 모양의 크래커로, 미국에서는 인기 있는 간식이자 파이, 쿠키 등의 재료로도 활용이 된다. 또한 요구르트는 병아리콩을 으깨어 만든 음식인 요구르트 후무스(yogurt hummus)를 만들 때도 사용되는데, 후무스는 레반트 지역(이라크, 요르단, 시리아)과 이집트에서 인기 있는 대중 음식이다.

■ 라씨 음료(Lassi drink)

영상 매체 등에서 인도 식당이나 길거리에서 사람들이 아주 즐겨 마시는 음료를 본 적이 있을 것이다. 이것이 바로 인도의 대중 음료인 라씨(Lassi)이다. 망고 퓨레

(mango puree)와 플레인 요구르트를 혼합하여 만든 라씨가 인기가 있으며, 밀크쉐이크(milkshake)가 아니면서도 크림처럼 부드러운 조직을 지닌 것이 특징이다. 퓨레(puree)는 과일 또는 채소를 갈아서 채로 걸러 만든 가공품으로, 고형분 함량은 12~13%이고, 걸쭉한 점도를 지니고 있다. 선호하는 종류의 과일을 가지고 자신만의 라씨 음료를 만들 수 있다.

신선한 퓨레나 잘 익은 과일을 믹서기에 넣은 다음 요구르트를 첨가한다. 여기에 물이나 우유를 약간 넣어 묽게 하고, 설탕이나 꿀을 넣어 감미를 추가하기도 한다. 감성 라씨(sweet Lassi)는 요구르트 1컵(240mℓ)에 1컵의 냉수, 45mℓ 설탕 그리고 과일 퓨레, 잼, 허브 등을 그리고 약간의 짠맛이 나는 세이보리 라씨(savory lassi)는 요구르트 1컵에 냉수 1컵, 약간의 소금에 풍미 성분(칠리, 박하, 고수, 커민) 등을 넣어 만든다. 이들 원료를 잘 흔들어 약 1~2분간 혼합한 후 냉장 보관한다.

■ 냉동 요구르트(frozen yogurt)

냉동 요구르트는 우유 또는 유가공품 원료에 향료 등을 첨가하여 냉동시킨 제품이다. 유지방 함량이 3.5% 이상이며, 원재료 혼합 및 살균처리 후에 *Lactobacillus bulgaricus, Streptococcus thermopilus* 또는 *Lactobacillus acidophilus* 를 이용하여 발효한 것으로, 제품의 품질에 유해한 미생물이 함유되어 있지 않을 것으로 규정하고 있다.

유산균 발효유의 일종인 냉동 요구르트는 발효유 특유의 향미와 산미 및 부드럽고 함량이 약 50% 이상 낮아 100g당 약 200 kcal의 열량을 제공하는 저지방, 저열량 식 차가운 조직감이 조화를 이룬 간식용 디저트이다. 이는 아이스크림 대비 지방품이다. 냉동 요구르트의 품질에 영향을 미치는 가장 중요한 요인은 제품의 산미 및 풍미 생성에 영향을 미치는 유산균의 종류이다.

이처럼 달콤한 간식에서부터 매우 인상적인 디저트까지 다양한 요구르트 맛을 냉동 요구르트로 만들 수 있다. 대부분의 만드는 방법은 완성된 믹스를 아이스크림 제조기(freezer)에서 냉동시킬 것을 추천하고 있다. 그러나 일반 가정에서 냉동기를 가지고 있지 않은 경우에도 냉동 요구르트를 쉽게 만들 수 있다. 제빵용 팬이나 다른 베이킹 접시에 혼합물(믹스) 펴서 냉동실에 넣고 30~45분 간격으로 저어주면서 약 3~6시간 정도 냉동시킨다. 즉 혼합물을 냉동용 용기에 담아 표면을 매끄럽게 만든 다음 표면에 얼음 결정이 형성되는 것을 방지하기 위해 양피지로 표면을 잘 덮은 다음에 냉동시킨다. 집에서 만든 냉동 요구르트는 매우 단단한 상태로 얼기 때문에 먹기 전에 미리 1~2분간의 해동이 필요하다.

원료의 혼합 비율은 딸기 냉동 요구르트의 경우 딸기 또는 베리류 250g, 우유 85g,

설탕 220g, 바닐라 추출액 7.5∼15mℓ, 요구르트 480mℓ를 그리고 바닐라 냉동 요구르트는 그릭 요구르트 710mℓ, 백설탕 178g, 바닐라 추출액 2.5mℓ를 혼합하여 사용한다.

■ 요구르트 치즈(make yogurt cheese)

아마도 치즈라는 단어가 들어 있어 만들기가 복잡하다고 생각 할 수도 있으나 이는 정반대이다. 체 또는 거름망(strainer)에 치즈 천(cheese cloth)이나 종이 타월을 깔고, 여기에 요구르트를 담아 잘 밀봉한 다음 유청이 빠지도록 냉장고에 넣어 두기만 하면 된다. 액체 성분(유청)이 빠져 나가고 남은 농후한 크림치즈 같은 혼합물은 베이글(bagels)과 토스트에 발라 먹거나, 치즈 케이크의 원료로 사용한다.

요구르트 치즈(yogurt cheese)라는 이름에도 불구하고 형상은 비록 크림치즈와 매우 유사하지만, 엄밀한 의미에서 치즈는 아니다. 오히려 이는 수분이 배출되어 어떤 형태의 치즈와 유사한 농후하고 퍼짐성이 있는 혼합물이 되기까지는 단순히 플레인 요구르트를 걸러낸(straining) 제품에 해당된다.

보통 플레인 요구르트 또는 플레인 그릭 요구르트 만들어진 요구르트 치즈는 샐러드, 딥, 스무디 및 피자를 만들 때 신선 치즈(fresh cheese) 대신 사용하거나, 베이글, 크래커 또는 납작한 빵에 직접 발라 먹을 수 있기 때문에 주방에서는 훌륭한 식재료이다. 마늘 요구르트 치즈는 플레인 요구르트 720g에 분쇄 마늘 15g, 식염 2.5g 그리고 후추 2.5g을 계량하여 혼합한다. 거름망에 치즈 천이나 종이 타월을 깔고, 여기에 혼합액을 부은 다음 살 밀봉하여 냉장고 안에서 8∼24시간 또는 유청 배출 상태를 보아 가면서 1∼2일간 유청을 제거한 다음 먹을 수가 있다.

■ 라브네(Labneh)

중동, 이스라엘, 인도 및 유럽에서 매우 인기 있는 제품이 바로 라브네(Labneh)이다. 특히 중동 지역에서 즐겨 먹는 라브네 역시 요구르트 치즈와 비슷한 방법으로 만든다. 어떤 사람들은 이를 요구르트 치즈라고 하고, 다른 사람들은 레바논 크림치즈(Lebanese cream cheese)라고 부르기도 하지만, 가장 일반적으로 부르는 명칭으로는 라브네로 알려져 있다.

라브네는 아침 메뉴의 주식이고, 즐겨 먹는 딥 중의 하나이며, 민트 잎, 씨 없는 올리브 그리고 백리향과 오레가노(oregano) 풍미가 나는 허브인 자타르(zaatar)를 뿌린 맛있는 샌드위치를 만들어 먹기도 한다. 단순히 말해 라브네는 만들기 쉬운 그릭 요구르트(strained yogurt)의 일종으로서, 원하는 맛의 풍미 물질을 첨가하여 다양한 맛을 즐길 수 있다. 박하, 오레가노, 열대 옻 열매인 수맥(sumac) 및 칠리 플레이크 등이 주요 풍미 원료이다.

홈메이드 라브네는 요구르트 1kg(그릭, 일반 또는 저지방 요구르트), 식염 2.5g을 혼합하고, 이후부터는 그릭 요구르트 만드는 방법과 동일하게 유청을 제거(3~5시간)한다. 한편 이스라엘의 가정에서 라브네를 만드는 전통적인 방식은 먼저 원유를 수 분간 살균(boiling)한 후 40~45℃로 냉각하여 약 2%의 스타터를 첨가한다.

실온에서 2~3시간에 걸쳐 온도를 서서히 떨어뜨리고, 4~5℃의 냉장고에서 10~12시간 동안 저온 배양한다. 다음에는 응고물을 면포 주머니에 담아 1주일 동안 메달아 놓는다. 이 기간에 식염 약 0.25~0.45%를 첨가하여 고루 섞어 준다. 7일차 되는 날에 유청이 빠져 다소 농후한 크림치즈 같은 조직이 되면 이 응고물을 직경 3cm 볼 모양으로 만든다. 이를 유리병에 담고, 올리브유(또는 대두유, 해바라기유)를 채워서 약 1년간 냉장 보관이 가능하다.

라브네 제품의 영양성분 함량은 수분 53.5%, 지방 20.0%, 단백질 17.7%, 식염 4.8% 그리고 pH는 3.59 수준이다. 라브네 또는 라반(Laban) 발효에는 *Streptococcus thermophilus, Leuconostoc lactis, Lactobacillus acidophilus*와 *Kluyveromyces fragilis, Saccharomyces cerevisiae* 등의 복합 균주를 사용하는 것으로 알려져 있다.

■ 스무디(Smoothie)

스무디는 과일 퓨레 같은 재료를 넣어 혼합한 음료이다. 일반적으로 스무디는 과일 주스 또는 우유, 요구르트 또는 아이스크림 같은 액체 베이스를 가지고 만든다. 이 외에도 과일, 야채, 비 낙농제품, 분쇄한 얼음, 유청 분말 또는 영양 보충제 등을 사용하기도 한다. 전기 믹서기가 개발된 1930년대부터 미국 서부 해안 지역의 건강식품 매장에서 스무디를 판매하기 시작하였다. 현재 사용하는 용어 "스무디"는 1980년대 중반까지 레시피와 상표에 사용되기도 하였다.

기본적으로 과일 스무디는 요구르트 240g에 냉동과일(주로 베리류) 120g, 바나나 1/2개 및 조각얼음을 함께 블렌더에서 혼합한다. 망고 스무디는 요구르트 120g에 바나나 60g, 망고(파파야, 구아바 등) 60g, 감미료 15g을 혼합하여 만든다. 이 외에도 블루베리, 크랜베리(cranberry), 망고, 오렌지 및 캔털루프(멜론, cantaloupe) 등의 과일을 주로 사용한다. 그리고 건강증진 보조 원료로서 살균 난황(egg yolk), 시금치 및 녹색 채소, 꿀벌 화분(bee pollen) 및 맥주 효모(brewer's yeast) 등을 넣어 스무디를 만들기도 한다.

참고문헌

1. Alexandraki V, Kazou M, Blom J, Pot B, Papadimitriou, K, Tsakalidou E. Comparative genomics of *Streptococcu thermophilus* support important traits concerning the evolution, biology and technological properties of the species. frontiers in Microbiology. 10 : 1~24(2019)
2. Arboleya S, Watkins C, Stanton C, Ross R. P. Gut Bifidobacteria populations in human health and aging. frontiers in Microbiology. 7 : 1~9(2016)
3. Beal C, Skokanova J, Latrille E, Martin N, Corrieu G. Combined effects of culture conditions and storage time an acidification and viscosity of stirred yogurt. J. dairy Sci. 83 : 673~681(1999)
4. Bong D. D, Moraru C. I. Use of micellarcasein concentrate for Greek-style yogurt manufacturing : Effects on processing and product properties. J. Dairy Sci. 97 : 1259~1269(2013)
5. Bull M, Plummer S, Marchesi J, Mahenthiralingam. The life history of *Lactobacillus acidophilus* as a probiotic : a tale of revisionary taxonomy, misidentification and commercial success. FEMS Microbiol. Lett. 349 : 77~87(2013)
6. Christianto D, Ali Nandar C. S, Stetiawan W. Dcvclopment of centrifugation straining control system for Greek yogurt production based on weight of whey drain. CEMI. 2 : 15~20(2020)
7. CODEX ALIMENTARIUS. Standard for fermented milks. CXS 243-2003. Adopted in 2003. Revised in 2008, 2010, 2018(2018)
8. Corrieu G, Beal C. Yogurt : The product and its manufacture. The Encyclopedia of Food and Health. 5 : 617~624(2016)
9. Farag M. A, Saleh H. A, Ahmady S. E, Elmassry M. M. Dissecting yogurt : the impact of milk types, probiotics, and selected additives on yogurt quality. Food Reviews Int. : 1~16(2021)
10. Farnworth E. R, Kefir - a complex probiotic. Food Sci. & Technol. / Bulletin 2 : 1~17(2005)
11. Fisberg M, Machado R. History of yogurt and current patterns of consumption. Nutrition Reviews. 73 : 4~7(2015)
12. Gibson G, Roberfroid M. Dietary modulation of the human colonic microbiota : introducing the concept of prebiotics. J. Nutr. 125 : 1401~1412 (1995)

13. Hadjimbei E, Botsaris G, Chrysostomou S. Beneficial effects of yoghurts and probiotic fermented milks and their functional food potential. Foods. 11 : 1～15(2022)

14. Hashim P, Mohd Ridzwan M. S, Bakar J, Mat Hashim D. Collagen in food and beverage industries. Int. Food Research J. 22 : 1～8(2015)

15. Hill D, Sugrue I, Tobin C, Hill C, Stanton C, Ross R. P. The *Lactobacillus casei* group : History and health related applications. Frontiers in Microbiology. 9 : 1～12(2018)

16. Holzapfel W. H, Haberer P, Snel J, Schillinger U, Huis in't Veld Jos H. J. Overview of gut flora and probiotics. Int. J. Food Microbiol. 41 : 86～101 (1998)

17. Hutkins R. W, Morris H. A. Carbohydrate metabolism by *Streptococcus thermophilus* : A Review. J. Food Protect. 50 : 876～884(1987)

18. IDF. Bulletin of the International Dairy Federation. The World Dairy Situation(2022)

19. Illikoud N, Mantel M, Rolli-derkinderen M, Gagnaire V. dairy starters and fermented dairy products modulate gut mucosal immunity. Imminology Letters. 251-252 : 91～102(2022)

20. John S. M, Deeseenthum S. Properties and benefits of kefir - A review. Songklanakarin J. Sci. Technol. 37 : 275～282(2015)

21. Johnson J. L, Phelps C. F, Cummins C. S, London J, Gasser F. Taxonomy of the *Lactobacillus acidophilus* group. Int. J. Systematic Bacteriology. 30 : 53～68(1980)

22. Karam M. C, Gaiani C, Hosri C, Burgain J, Scher J. Effect of dairy powders fortification on yogurt textural and sensorial properties : a review. J. Dairy Research. 80 : 400～409(2013)

23. Klantschitsch T, Spillmann H, Puhan Z. *Lactobacillus reuteri* : A newcomer in dairy technology. Mljekarstvo. 46 : 183～196(1996)

24. Lange I, Melko S, Tomczynska - Melko M, Polischuk G, Jenas P, Ozimek L. Technology and factors influencing Gree - style yogurt - a Review. Food Technol. 9 : 7～35(2020)

25. Leahy S. C, Higgins D.G, Fitzgerald G.F, van Sinderen D. A review-Getting better with bifidobacteria. J. Applied Microbiol. 98 : 1303～1315(2005)

26. Lee W. J, Lucey J. A. Formation and physical properties of yogurt. Asian-Aust. J. Anim. Sci. 23 L 1127～1136(2010)

27. Malashree L, Angadi V, Yadav K. S, Prabha R. Postbiotics - one step ahead of probiotics. Int. J. Curr. Microbiol. App. Sci. 8 : 2049～2053(2019)

28. McCain H. R, Kaliappan S, Drake M. A. Invited review : Sugar reduction in

dairy products. J. Dairy Sci. 101 : 8619～8640(2018)

29. McClur S. B, Magill C, Podrug E, Moore AMT, Harper T. K, Culleton B. J, Kennett D. J, Freeman K. H. Fatty acids specific δ^{13} values reveal earlist Mediterranean cheese production 7,200 years ago. PLOS ONE. 5 : 1～15 (2018)
30. Mu Q, Tavella V. J, Luo X. M. Role of *Lactobacillus reuteri* in human health and disease. frontiers in Microbiology. 10 : 1～13(2018)
31. O' Callaghan A, Sinderen D. V. Bifidobacteria and their rple as menbers of the human gut microbiota. frontiers in Microbiology. 7 : 1～23(2016)
32. Otles S, Cagindi O. Kefir : A Probiotic Dairy - Composition, Nutritional and Therapeutic Aspects. Pakistan J. Nutrition. 2 : 54～59(2003)
33. Pandey K. R, Naik S. R, Vakil B. V. Probiotics, prebiotics and synbiotics - a review. J. Food Sci. Technol. 52 : 7577～7587(2015)
34. Papizadeh M, Nahrevanian H, Rohani M, Hosseini S. N, Shojaosadati S. A. *Lactobacillus rhamnosus* Gorbach-Goldin(GG) : A top well-researched pro-biotics strain. J. Med. Bacteriol. 5 : 46～59(2016)
35. Rakhmanova A, Khan Z. A, Shah K. MOJ. A mini review fermentation and preservation : role of lactic acid bacteria. Food Processing & Technol. 6 : 414～417(2018)
36. Rosa D. D, Dias M. M. S, Grzeskowiak L. M, Reis S. A, Conceicao L. L, Peluzio M. do C. G. Milk kefir : nutritional, microbiological and health benefits. Nutrition Research Reviews. 30 : 82～96(2017)
37. Rosenthal I, Juven B. J, Gordin S. Characteristics of concentrated yogurt (Labneh) produced in Israel. J. dairy Sci. 63 : 1826～1828(1980)
38. Sanders M. E. Probiotics : Definition, Sources, Selection, and Uses. Clinical Infection Disease 46 : S58～61(2008)
39. Shah N. P. Functional cultures and health benefits. Int. Dairy J. 17 : 1262～1277(2007)
40. Shori A. B. Application of *Bifidobacterium* spp. in beverages and dairyfood products : an overview of survival during refrigerated storage. Food Sci. Technol. 42 : 1～11(2022)
41. Shunekeyeva A. A. Influence of atarter cultures' Type on the microbiological, rheological and sensory properties of Ayran samples from goat's milk. OnLine J. Biological Sci. 21 : 154～160(2021)
42. Song Y, Zhao J, Liu W, Li W, Sun Z, Cui Y. Exploring the industrial potential of *Lactobacillus delbrueckii* ssp. bulgaricus by population genomics and genome-wide association study analysis. J. Dairy Sci. 104 : 4044～4055 (2021)

43. Talarico T. L, Dobrogosz W. J. Chemical characterization of an antimicrobial substance produced by *Lactobacillus reuteri*. American Society for Microbiology. 33 : 674~679(1989)

44. Temesgen T. Effect of application of stabilizers on gelation and syneresis in yogurt. Food Sci. & Quality Management. 37 : 90~102(2015)

45. Teneva-Angelova T, Balabanova T, Boyanova P, Beshkova D. Traditional Balkan fermented milk products. Eng. Life Sci. 18 : 807~819(2018)

46. Yanni A. E, Kartsioti K, Karathanos V. T. The role of yoghrt consumption in the management of type Ⅱ diabetes. Food & Funct. 11 : 10306~10316 (2020)

47. 금종수, 강병선, 박승용, 진현석. 고등학교-식품제조 공정. ㈜서울교과서(2016)

48. 노영희, 장아순, 표영희. 시판 호상 요구르트의 품질 특성과 항산화 활성. 한국식품과학회지. 51 : 113~118(2020)

49. 신광섭, 이정희. 시중 유통되는 요구르트의 품질 특성 평가. 한국식품저장유통학회. 25 : 195~204(2018)

50. 신용서, 성현주, 김동한, 이갑상. 산성조건하에서 시판 요구르트의 유산균 생존률과 β-galactosidase의 활성도. 한국농화학회지. 37 : 143~147(1994)

51. 이지현, 박혜영, 원주인, 박혜인, 최인덕, 이석기, 박지영, 조동화, 전용희, 오세관, 한상익, 최혜선. 국내 시판 액상 요구르트의 품질 특성. 한국식품저장유통학회. 24 : 865~870(2017)

맺는말

고대부터 현재 인도의 개인별 맞춤형 치료 의학인 아유르베딕 의료(Ayurbedic medical) 분야에서 요구르트는 약으로 사용되어 왔으며, 최근 몇 년 동안 요구르트의 건강증진 효과에 대한 연구가 다양하게 수행되고 있다. 이제는 천연 프로바이오틱스(natural probiotics), 식품 및 의약품으로서의 일상 식단에서 요구르트나 발효 유제품의 음용을 통한 우리 인간의 건강의 질을 한층 더 향상시킬 수 있는 시기가 도래한 것으로 볼 수 있다.

요구르트(yogyrt)라는 단어는 원래 터키어로, 유용한 미생물의 발효로 인해 커드화(curdling) 되었거나 응고된 유제품을 의미한다. 요구르트 컬처(yogurt culture)로 명명된 이 미생물(주로 유산균)은 발효과정에서 유당을 유산(젖산)으로 전환시키고, 우유 단백질을 요구르트 특유의 조직으로 변하게 하면서 영양 가치를 증진시키게 된다.

요구르트를 만드는 일련의 과정은 아주 오래된 가공 기술이다. 요구르트 제조의 초기 방법(Heineman, 1921)은 우유의 부피를 약 1/4~1/2 이상으로 줄이기 위해 깨끗한 토기 용기에서 약한 불로 우유를 끓이는 것으로부터 시작이 된다(최종 부피가 원래 부피의 50~75% 미만이 되도록). 이어서 45~50℃로 냉각하고, 보관 중인 전날 제품을 소량 첨가한 후 혼합하여 일정한 온도가 유지되도록 용기를 가죽과 천으로 감싸는 것이다. 이를 10~12시간 유지하게 되면 요구르트가 만들어지는 것으로 설명하였다.

최근 몇 년 동안 미생물학, 생화학, 식품기술 및 식품공학의 발전으로 이러한 요구르트 제조기술은 과학적인 원리와 결합하게 되었다. 말할 것도 없이 우유(원유)는 요구르트 제조에 있어 가장 주된 원료이다. 요구르트 제조의 일반적인 과정은 먼저 우유의 성분 조성을 조정(표준화)하고, 요구르트 믹스를 살균한 다음, 주로 고온성 미생물의 성장 적온인 40~45℃에서 발효, 냉각시키고, 필요시에는 과일과 풍미 성분을 첨가하는 것이다.

현대적인 요구르트 제조 방법은 적절한 지방 함량(일반적으로 0.5% 미만, 1.0% 또는 3.25%)과 총 고형분 함량(일반적으로 12~15%이고, 탈지분유를 첨가)이 되도록 표준화시킨 믹스를 균질, 살균(90~95℃에서 1분, HTST 또는 약 85℃에서 30분, 회분식)한 다음 40~45℃로 냉각 후 발효탱크 또는 완충용 호퍼(정치형 요구르트 생산)로 이송한다.

이어서 살균, 냉각된 믹스에 *Streptococcus salivarius* ssp. *thermophilus*(전통적으로 *Streptococcus thermophilus*라고도 함) 및 *Lactobacillus delbrueckii* ssp. *bulgaricus*(전통적으로 *Lactobacillus bulgaricus*라고도 함) 균주를 접종한다. 유산균이 접종된 믹스는 적정 pH 4.5～4.6에 도달할 때까지 발효탱크 내에서 배양한다. 배양액을 서서히 교반하면서 약 20℃로 냉각한 후, 과일 잼 또는 시럽 공급기를 작동하면서 배양액과 일정 비율로 혼합, 충진한다(교반형 요구르트, stirred yogurt / 드링크형 요구르트, drink yogurt).

한편, 접종된 믹스는 컵의 바닥에 이미 과일 퓨레가 첨가 또는 무첨가 상태와 상관없이 즉시 충진기로 이송되어 컵에 충진, 밀봉한다. 충진된 제품은 배양온도가 유지되는 배양실로 옮겨 적정 pH 4.5～4.6에 도달할 때까지 배양한다. 적정 pH에 도달하면 이를 냉장실로 이송하여 냉각, 저장한다(정치형 요구르트, set- 또는 sundae-style yogurt). 요구르트는 우유, 감미료, 안정제, 과일 잼 또는 시럽 풍미 성분 및 미생물 컬처(bacterial culture) 같은 다양한 원료를 사용하여 만든다. 요구르트의 종류는 사용한 우유에 따라 달라진다.

탈지분유나 크림은 요구르트 믹스의 지방 함량을 조절하는 데 사용되며, 안정제는 일반적으로 조직과 굳기(경도)를 향상시키고, 유청분리(whey swparation) 현상 방지 그리고 첨가 원료의 균일한 분산을 돕기 위해 첨가한다. 또한 감미료는 풍미를 향상시키고, 소비자의 제품 선호도를 높이는 데 도움이 된다.

요구르트 믹스의 무지유고형분(MSNF, milk solids-non-fat) 함량을 증가시키기 위하여 첨가하는 유가공품 원료에는 탈지 또는 전지분유(skimmed 또는 whole milk powder), 유단백질 농축물(milk protein concentrate), 연유(condensed milk), 버터밀크 분말(buttermilk powder), 유청 분말(whey powder), 농축유청 단백질(WPC, whey protein concentrate), 분리유청 단백질(WPI, whey protein isolate) 및 카제인염(sodium- 및 calcium-caseinate) 등이 있다.

최근 몇 년 전부터 우리나라뿐만 아니라 전 세계적으로 그릭 요구르트(Greek-style yogurt)의 인기가 높아지고 있는 것은 식품 생산과 판매의 역사적인 관점에서 볼 때 대단히 주목할 만한 이슈 중의 하나이다. 그릭 요구르트는 전통적으로 발효가 종료된 커드를 천주머니에 넣고, 원하는 고형물 농도에 도달 때까지 유청(acid whey)을 제거(straining)하여 만들어진다. 이 단계에 원심분리기(centrifugal separator) 또는 막여과(membrane filtration) 기술을 사용하여 커드로부터 유청을 기계적으로 분리할 수 있다.

전통적인 방식에서 다량으로 발생하는 유청은 현존하는 경제적 및 환경적인 문제를 제시하고 있다. 따라서 그릭 요구르트 생산 시에 유청 배출 단계를 생략하는, 대체 제조 공정의 도입은 생산자에게 매력적일 수 있다. 현재 이용 가능한 대체 공정은 최종 제품의 단백질 함량을 높이기 위해 우유 단백질 농축물로 우유 성분을 강화시키는 것이 포함된다.

유가공 산업에서 대두되고 있는 새로운 단백질 성분인 농축미셀라 카제인(MCC, micella casein concentrate)은 가공 중에 영양성분, 기능성 및 안정성으로 인해 우유를 주원료로 하여 만드는 요구르트에 제품에 있어 단백질 강화를 위한 좋은 대체재가 될 수 있다. 이 농축미셀라 카제인은 미세여과 공정(microfiltration, 0.1～10.0μm)을 통하여 생산되며, 높은 수분 결합력과 유화력은 물론 높은 열처리(살균 및 초고온 살균) 조건에서도 안정한 것으로 알려져 있다.

프로바이오틱스는 인체의 위장관에 유용한 유기체이다. 1965년에 다른 원생동물 종의 성장을 돕는 한 종의 원생동물이 생산하는 성장 촉진 인자를 설명하기 위해 "프로바이오틱스"라는 용어가 처음 등장하였다. 이후 프로바이오틱스는 적절한 양으로 투여 될 때, 숙주에 건강상의 이점을 제공하는 살아있는 미생물로 정의하였다(FAO/WHO, 2002).

Lactobacillus casei DN-114001(*L. casei* strain CNCM I-1518 또는 *L. casei Immunitas*)은 2007년에 특허를 받았으며, 1994년 상용화된 드링크형 프로바이오틱스 요구르트인 DanActive(Actimel : Groupe Danone, Paris, France)에 이 균주를 사용하기 시작하였다. *Bifidobacterium animalis* DN-173010은 1987년 프랑스에서 출시된 요구르트 브랜드인 Activia(Groupe Danone)에 사용된 프로바이오틱스 균주이다. *Lactobacillus rhamnosus* GG(ATCC 53103 : *Lactobacillus* GG라고도 함)는 *Lactobacillus. acidophilus* GG로 특허를 받은 프로바이오틱스이며, 나중에 *Lactobacillus rhamnosus* GG로 재분류되었다. 또한 2009년에 *Lactobacillus rhamnosus* GR-1과 정도는 덜 하지만, *Lactobacillus reuteri* RC-14 역시 요구르트에서 생존성이 있는 것으로 보고되었다.

한편, 요구르트의 포장방식은 시간이 지남에 따라 여러 가지 변화 과정을 거쳤다. 1962년경 요구르트는 원래 유리용기에 포장되었다. 그러나 유리병을 회수, 관리하는데 소요되는 비용이 높았기 때문에 종이 재질의 용기가 필요했다. 그러나 종이용기에 따뜻한 우유를 넣어 배양시키면 용기의 코팅 표면에서 반응이 일어났다. 이러한 이유 때문에 푸시온 뚜껑이 달린 유연한 플라스틱 용기를 사용하게 되었다. 현재 대부분의 요구르트는 플라스틱 용기(polypropylene, polystyrene, high-density polyethylene)에 포장되지만, 일부 특수 요구르트 제품은 유연한 튜브 또는 유리병에 포장하는 경우도 있다. 또한 요구르트는 다양한 크기(용량)의 단일 서빙 용기 또는 멀티 팩 용기에 포장하여 판매되고 있다.

적정 산도(titratable acidity)는 요구르트의 중요한 품질 특성 중의 하나이다. 1962년 유리병에 포장한 요구르트를 냉장 보관할 때 유산(젖산)으로 표현되는 적정 산도는 0.74~0.83%이었고, 냉장 보관 시 적정 산도는 0.91~0.93% 범위가 가장 바람직한 것으로 보고되었다. 낮은 산도에서 냉각하면 맛이 없고 발효유의 특성이 부족한 요구르트가 생산되는 반면, 높은 산도에서 냉각할 때는 산이 과잉 생성되어 신맛이 강한 요구르트를 생산하게 된다.

1970년대 미국에서 실시한 요구르트의 화학적, 물리적 품질 특성의 조사 결과를 살펴보면, 7개 브랜드의 플레인 요구르트는 총고형분 13.3~16.5%, 지방 0.9~3.7%, 단백질 4.4~5.3% 그리고 적정 산도 1.20~1.76%, pH는 3.72~4.14 범위로 나타났다. 반면에 펜실베니아 중부 지역에서 3종의 플레인 및 41종의 과일 첨가 요구르트의 분석 결과는 총고형분 15.10~30.73%, 지방 0.82~2.04%, 단백질 3.09~5.38% 그리고 pH는 3.80~4.35 범위이었다.

겔의 수축으로 인해 제품 상단에 액체(유청)가 유출되는 유청분리(whey separation 또는 syneresis) 현상은 요구르트에서 흔히 발생하는 품질 문제이다. 이러한 이유로 우리나라에서 유통되는 드링크형 제품에는 "제품 상단에 맑은 액체가 생길 수도 있으나, 우유에서 유래한 고유 성분이니 안심하고 드십시오"라는 문구가 인쇄되어 있다. 요구르트의 총고형분 함량이 증가하고, 요구르트를 만들 때 가열하지 않은 우유 대신에 예열된 우유를 사용함에 따라 유청분리에 대한 감수성이 감소하기는 하였으나, 요구르트의 pH 3.85~4.5 범위 내에서는 민감성에 관계없이 정도의 차이는 있으나, 일반적으로 유청분리 현상이 발생할 수 있음을 확인하였다.

겔 네트워크 내의 카제인 입자의 재배열 및 교질성 인산칼슘(colloidal calcium phosphate)의 가용화 비율이 유청분리 및 겔 강도에 영향을 미치는 것으로 나타났다. 따라서 스타터 접종량을 2% 수준에서 실시한 후, 약 40℃의 저온에서 배양한 결과, 요구르트의 유청분리 및 조직 결함을 줄일 수 있는 방안으로 추천하였다.

이미 언급한 바와 같이 요구르트는 수세기 동안 우리 인류에게 양질의 영양소를 공급해 온 영양 성분이 풍부한 발효 식품이다. 우유를 배양하여 만든 요구르트는 단백질, 칼슘, 인, 아연, 비타민 B_{12}, 판토텐산(B_5), 및 리보플라빈(B_2)과 같은 필수 영양소를 건강 식단에 제공하는 역할을 한다. 형태가 다른 요구르트는 각각 다른 사람들의 건강, 맛 및 요리 재료를 충족시키는 데 있어 선택의 폭을 넓혀주는 역할을 한다. 이용 가능한 요구르트 종류에는 저지방, 무지방, 풍미 및 감미 성분 첨가뿐만 아니라 그릭 요구르트와 스퀴르 그리고 저유당 제품 등이 포함되어 있다.

요구르트를 포함한 건강한 식단은 만성 질환 위험 감소, 장기적으로 적정의 체중 유지, 뼈 건강 개선 및 만성 염증 유발 마커의 감소와 관련이 있을 수 있음이 밝혀졌다. 또한 소아의 영양 요구를 충족시키기 위해서는 매일 요구르트와 같은 저지방 또는 무지방 유제품을 섭취할 것을 권장하고 있다.

여기서 우리는 우유에 함유되어 있는 유당(lactose)에 대하여 한 번 생각해 볼 필요가 있다. 우유나 유제품은 양질의 단백질과 높은 칼슘 함량으로 인해 우리의 균형 잡힌 식단에 크게 기여하고 있다. 그러나 유제품 특히 우유에 존재하는 주요 탄수화물인 유당은 얼마 전부터 유당불내증(lactose intolerance)과 유당 대사 능력이 떨어지는 사람들로부터 유당이 함유되지 않았거나 또는 유당불내증을 유발하지 않는 제품에 대한 수요가 증가하고 있기 때문에 관심을 끌고 있다.

유당 분자는 인체에서 유당 분해효소인 락타아제(lactase 또는 β-galactosidase)에 의해서만 절단(소화) 될 수 있는 β-1,4 글리코시드 결합(glycosidic bond)을 통해 연결된 두 개의 단당류인 글루코오스(glucose)와 갈락토오스(galactose)로 구성되어 있다. 유당 소화 능력이 부족한 사람의 경우, 소화되지 않은 유당은 대장으로 들어가서 장내 미생물에 의해 대사된다. 이 발효 과정에서 생성되는 수소 또는 메탄과 같은 대사산물이 생성되어 가스 생성에 의한 복부팽만(flatulence), 설사(diarrhoea) 및 복통(abdominal pain) 같은 증상을 유발하게 된다.

이러한 이유로 인해 유당 함량이 낮은 유제품이 유당 분해효소 처리기술을 통하여 생산되고 있으며, 유당 함량이 0.1% 미만인 제품인 경우, 유당 분해효소 활성이 현저히 낮은 사람들에게도 적합한 것으로 나타났다. 제조 시 발효 공정을 통하여 유당이 분해되어 유당 함량이 자연적으로 감소된 제품으로는 치즈와 요구르트를 들 수 있다. 특히 신선치즈(fresh cheese)를 제외한 대부분의 치즈는 유당이 거의 없거나 매우 낮은 수준으로 함유하고 있다.

치즈 제조 시 유당은 스타터 미생물에 의한 발효과정 및 치즈 숙성 초기단계에서 유산으로 전환되기 때문이다. 유당 함량은 일반 우유의 47.67～49.65 g/kg 대비, 치즈의 경우 신선치즈 7.43～46.40 g/kg, 숙성치즈는 0.024～0.3 g/kg 그리고 요구르트는 28.97～42.35 g/kg 범위로 나타났다. 요구르트 및 기타 발효 유제품을 만드는 과정은 원시적이고 기본적인 방법에서 시간이 지남에 따라 보다 조절 가능하고 과학적인 제조 공정으로 변경되었다.

이를 가능하게 한 과학적인 기술의 진보에는 우유에 다른 유가공품 원료의 첨가, 스타터 컬처의 사용 및 특성화 그리고 진보된 가공 및 포장방법 등이 포함된다. 이러한 제품의 특성에 폭넓은 이해는 다양한 제품의 개발과 소비자에게 건강상의 이점을 제공할 수 있는 기회를 증가시키게 되었다. 이용 가능한 기술의 진보로 인해 미래 연구의 흥미로운 영역 중 하나는 요구르트 및 기타 발효 유제품이 인체의 미생물총(마이크로바이옴, microbiome)에 미치는 기능을 다루는 것이다. 마이크로바이옴은 인체

내에 서식하는 미생물 군집(microbiota)과 유전체인 게놈(genome)를 합친 말로서, 주어진 환경에서 생존하고 있는 모든 미생물 집단 전체를 의미한다.

이제 대형마트의 식품 코너를 관심을 가지고 찾는 사람이라면 누구나 요구르트 같은 발효 유제품에 대한 중요성을 알게 될 것이다. 이러한 제품의 다양성, 안전성 및 일관성 있는 품질은 바로 제조업체의 기술적 및 과학적 전문 지식에 기인하는 것으로 본다. 소비자들의 제품 선호도와 관련한 다양한 취향이 항상 예측 가능한 것은 아니기 때문에 앞으로 시장이 어떻게 변화하고 발전할지는 여전한 유가공 업계의 과제로 남아 있다.

이러한 수요 변화를 충족시키기 위해 중요한 것은 우유 발효에 대한 기본적인 지식과 가공기술이 계속 확대, 발전하고 있다는 사실이다. 이렇게 해야 만이 제품의 다양성과 품질에 있어 소비자가 요구하는 표준을 달성할 수 있기 때문이다.

용어해설(Glossary)

고온살균(High pasteurization). 우유를 85℃, 20~30분 또는 90~95℃, 5분간의 열처리하는 공정, 고온살균 과정에서 포자(spores)를 제외한 대부분의 생식세포 사멸, 대부분의 효소 불활성화(proteinase, plasmin, lipase 등은 제외), 대부분의 유청단백질 변성 그리고 케톤(ketone) 생성에 의한 분명한 가열취(cooked flavor) 발생 등의 비가역적 변화(irreversible change)가 일어남.

구아검(Guar gum). 구아(Leguminosae) 종자의 배유에서 얻은 것으로, 주요 성분은 만노즈(mannose)와 갈락토스(galactose), 주로 결합제, 유화안정제, 점도증가제(수성) 및 착향제 등의 용도로 사용됨.

그릭 요구르트(Greek yogurt). 정상적인 발효액(일반 요구르트)으로부터 유청을 부분적으로 제거한 반고체형 발효 유제품으로 "Greek-style yogurt", "strained yogurt", "concentrated yogurt" 또는 "thick yogurt" 등의 다양한 명칭으로 사용이 되고 있음.

균질(Homogenization). 우유 내의 지방구(1~10㎛)를 2㎛ 이하의 작은 크기로 균일하게 분쇄하는 공정, 즉 지방구 부상에 의한 크림층 형성을 방지하고, 우유를 마신 후 소화 및 흡수율을 향상시키는 데 목적이 있음.

농후발효유. 원유 또는 유가공품을 발효시킨 것이나, 이에 다른 식품 또는 식품첨가물 등을 위생적으로 첨가한 것으로, 호상 또는 액상으로 한 무지유고형분 8% 이상의 제품(유산균수 1.0×10^8 cfu/㎖ 이상).

대식세포(macrophage). 우리 신체를 구성하는 중요한 선천면역세포 중의 하나로서 모든 조직에 다양한 형태로 분포하며, 정상상태에서는 침입한 외부 병원체 및 독성물질에 대한 포식작용을 통해 몸을 보호하는 역할을 수행함.

라브네(Labneh). 중동 지역의 아랍 국가에서 인기 있는 샌드위치용의 스트레인(유청 배출) 요구르트의 일종이며, 중동의 스트레인 요구르트(strained yogurt) 또는 요구르트-치즈(yogurt-cheese)라 부르기도 함.

라씨(Lassi). 발효 유제품인 다히에 물, 향신료 때로는 과일을 섞어 만든 인도의 대중적인 전통 음료로서 스무디(smoothie) 같은 점조도를 지니고 있음. 이 음료는 인도 지역에서는 차가운 상태로, 거의 매일 주 음료로 음용하고 있음.

락토바실러스 불가리쿠스(*Lactobacillus bulgaricus*). 그램 양성, 내산성(비교적 낮은 pH 5.4～4.6), 통성혐기성(facultatively anaerobes), 비운동성 그리고 포자형성을 하지 않는 간균(막대모양) 형태의 유산균.

락토바실러스 애시도필러스(*Lactobacillus acidophilus*). 2～10㎛ 크기의 그램 양성 간균이며, 성장 적온은 37～42℃, 최대 45℃에서도 생육이 가능하며, 또한 pH 5.5～6.0의 약한 산성 조건에서 최대의 성장률을 나타내고, pH 4.0에서는 성장이 정지됨. 프로바이오틱스 효과가 있는 유산균으로 널리 알려져 있음.

레닌(Rennin). 어린 반추동물의 위액 속에 존재하는 단백질 분해효소(protease)의 일종이며, 치즈 제조에 사용되는 응유효소로서 키모신이라고도 함. 원래 레닌은 프로레닌(prorennin) 상태로 존재하며, 산성 pH에서 그 일부가 가수분해 되어 분자량이 감소하면서 레닌으로 활성화 됨.

로커스트콩검(Locust bean gum). 캐롭 나무(Carob tree, *Ceratonia siliqua*) 열매 씨의 배아(endosperm)에서 추출한 검류로서 일명 캐롭 검으로도 알려져 있음. 고분자량의 중합체로 중성 다당류이며, 주요 성분은 만노스와 갈락토스가 4 : 1의 비율로 구성된 갈락토만난임.

마이야르 반응(Maillard reaction). 아미노산과 환원당 사이에서 가열과정에서 일어나는 화학반응. 이러한 반응의 결과 캐러멜 색상과 풍미, 빵의 갈변, 메이플 시럽, 연유 및 쿠키의 전형적인 색상을 나타내게 됨.

마이크로바이옴(Microbiome). 인체 내에 서식하는 미생물 군집(microbiota)과 유전체인 게놈(genome)를 합친 말로서, 주어진 환경에서 생존하고 있는 모든 미생물 집단 전체를 의미함.

말토덱스트린(Maltodextrin). 일반적인 설탕 대체재인 동시에 벌킹제로서 열량은 설탕과 동일한 4 kcal/g(난소화성 말토덱스트린은 2～2.5 kcal)이다.

멸균(Sterilization). 미생물 포자를 비롯한 우유 내에 함유되어 있는 모든 미생물을 사멸시킬 수 있는 110℃, 30분 또는 130℃, 40초간 열처리하는 공정.

발효유(Fermented milk). 공생관계에 있는 2종의 *Streptococcus thermophilus*와 *Lactobacillus delbrueckii* subsp. *bulgaricus* 유산균이 우유를 유산(젖산) 발효시켜 얻

어지는 발효 유제품으로, 유산균은 일정 수준 이상으로 반드시 생균(viable) 상태로 존재해야 함.

발칸 반도(Balkan peninsula). 유럽의 남동부 지역에 위치하며, 이곳은 알바니아, 그리스, 불가리아, 북마케도니아, 보스니아 헤르체고비나, 코소보 몬테네그로와 세르비아, 크로아티아, 슬로베니아 영토의 대부분과 루마니아, 터키 및 이탈리아 일부 지역을 포함.

비피더스균(Bifidobacterium). 절대 혐기성균(obligate anaerobe), 무포자, 비운동성의 그램 양성 간균으로 분류학상의 종(species)과 속(genus), 배양조건 등에 따라 매우 다양한 형태학적 특성을 나타냄. 장내 미생물총에서 지배적으로 유익한 미생물.

사워 밀크(Sour milk). 불가리아 산악 지역과 스칸디나비아 반도의 피오르드까지 광대한 유라시아 대륙에서 음용하는 대표적인 발효 음료.

사이토카인(Cytokine). 세포에 의해 분비되는 물질로, 다른 세포 또는 사이토카인을 분비하는 세포 자체에 영향을 줄 수 있음. 사이토카인을 분비하는 세포는 매우 다양하며, 대식세포, B/T 림프구 등의 면역세포와 상피세포, 섬유아세포, 기질세포 등에서 분비가 됨. 다양한 면역반응의 균형을 조절하고, 세포의 성장, 성숙 등에도 관여는 등 면역계에서 중요한 역할을 수행함.

살균 또는 열처리(Pasteurization 또는 heat treatment). 우유 그 자체 또는 다른 유제품에 있어 미생물학적인 안전성을 보장하고, 유제품 제조를 위한 후속 공정을 용이하게 만드는 특정 우유 성분을 변성시키는 공정.

세포밖다당류(Exopolysaccharide). 미생물이 분비하는 고분자, 중합체(polymer)로서 분자량 $4\times10^6\sim4\times10^6$ 달톤(dalton) 범위의 D-glucopyranose, D-fructofuranose, D-glucose, D-galactose, L-rhamnose, N-acetyl-D-galactosamine 및 N-acetyl-D-glucosamin 등과 같은 수백에서 수천 개가 반복되는 단당류로 구성됨.

스무디(Smoothie). 과일 퓨레 같은 재료를 넣어 혼합한 음료로서, 일반적으로 스무디는 과일주스 또는 우유, 요구르트 또는 아이스크림 같은 액체 베이스를 가지고 만듦.

스퀴르(Skyr). 아이슬란드 전통 컬처와 우유를 이용하여 만든 아이슬란드식 요구르트로서, 이는 일반 요구르트와 비슷한 점조도를 가지고 있으나, 맛은 더 부드러운 것이 특징.

스타터 컬처(Starter culture). 발효식품을 생산하기 위한 발효의 개시, 발효 공정의 가속화 및 조절 기능을 수행하며, 원유(raw milk) 또는 살균유 믹스에 접종(inoculation)하는 하나 또는 그 이상의 유익한 균주로 구성된 배양액 또는 동결건조 분말.

스테비아(Stevia). 스테비아는 스테비올 배당체(steviol glycoside)를 생산하는 식물체를 의미함. 허브식물인 스테비아는 남미의 파라과이와 브라질에서 자생하는 스테비아속(*Stevia rebaudiana*)의 잎에서 추출한 천연의 고감미료이다. 이 물질의 활성 성분은 스테비올 배당체로서 감미의 주요 성분은 스테비오사이드(stevioside)와 레바우디오사이드(rebaudioside A, C, D, E) 그리고 미량의 둘코사이드(ducolcoside) A, 설탕 감미의 50~300배 수준임.

스트렙토코커스 써모필러스(*Streptococcus thermophilus*). 그램 양성, 비병원성(non-pathogenic), 통성혐기성(facultative anaerobic)의 유산균으로서 요구르트 제조에 있어서는 혼합 균주 형태로 LB(*Lactobacillus delbrueckii* subsp. *bulgaricus*)와 가장 널리 사용되고 있음.

신바이오틱스(Synbiotics). 위장관내에서 생균 식이 보충제의 생존성과 이식(implantation) 능력을 향상시킴으로써 숙주에 유익한 영향을 미치는 프로바이오틱스와 프리바이오틱스로 이루어진 혼합물로 정의함.

아세트알데히드(Acetaldehyde). 요구르트의 주요 풍미 화합물로서, 신선한 과일 향을 발산한다. 아세트알데히드는 유산균에 의해서 생성되며, 최종 농도는 5~40 mg/kg 수준임.

아이란(Ayran). 요구르트를 얼음처럼 차가운 물에 희석하여 만든 요구르트 음료(yogurt drink)로서 때로는 소금, 후추와 민트, 라임 주스 및 세절한 오이 같은 다른 양념을 추가하여 보다 상쾌한 음료를 만들 수 있음.

안정제(Stabilizers). 식품(요구르트) 매트릭스 공간에서 수분의 유동성을 감소시키기 위해 수분을 결합함으로써 유청분리(syneresis)에 대한 저항성을 높이고, 입안에서 부드러운 식감을 부여함. 안정제는 조직 특성을 조절하고, 유청분리를 분리를 줄이기 위해 배양제품에 일반적으로 널리 사용되고 있음.

안지오텐신(Angiotensin). 신장의 방사구체 장치로부터 방출된 단백질 분해효소 레닌(rennin)은 혈장 글로불린중의 레닌 기질인 안지오텐신노젠에 작용하여 10개의 아미노산으로 구성된 안지오텐신 I(angiotensin Ⅰ)을 생성. 안지오텐신은 혈관수축 등의 생리작용을 야기하는 폴리펩타이드이며, 안지오텐신 I에 작용해서 아미노산 10개로 이루어진 안지오텐신 II(강력한 승압작용)를 생성하는 효소가 안지오텐신 변환효소(ACE)임.

요구르트(Yogurt). 크림, 우유, 부분 탈지유 및 탈지유와 같은 원료를 단독 또는 조합한 혼합물에 유산을 생성하는 특정의 미생물인 *Streptococcus thermophilus*와 *Lactobacillus delbrueckii* subsp. *bulgaricus*를 첨가, 배양하여 생산한 식품.

요구르트 치즈(yogurt cheese). 형상은 비록 크림치즈와 매우 유사하지만, 엄밀한 의미에서 치즈는 아님. 오히려 이는 수분이 배출되어 어떤 형태의 치즈와 유사한 농후하고 퍼짐성이 있는 혼합물이 되기까지는 단순히 플레인 요구르트를 걸러낸(straining) 제품에 해당됨.

유당불내증(Lactose intolerance). 유당 분자는 인체에서 유당 분해효소인 락타아제(lactase 또는 β-galactosidase)에 의해서만 절단(소화) 될 수 있는 β-1,4 글리코시드 결합(glycosidic bond)을 통해 연결된 두 개의 단당류인 글루코오스(glucose)와 갈락토오스(galactose)로 구성되어 있음. 유당 소화능력이 부족한 사람의 경우, 소화되지 않은 유당은 대장으로 들어가서 장내 미생물에 의해 대사가 이루어짐. 이 발효과정에서 생성되는 수소 또는 메탄과 같은 대사산물이 생성되어 가스 생성에 의한 복부팽만(flatulence), 설사(diarrhoea) 및 복통(abdominal pain) 같은 증상을 유발하게 됨.

유산균(Lactic acid bacteria). 우유내의 유일한 당 성분인 유당(lactose)을 전문적 발효시키는 다양한 그램 양성의 미생물 그룹.

유산 생성(Lactic acid production). 6탄당인 포도당(glucose) 한 분자를 3탄당인 피루브산 두 분자로 바꾸는 해당작용(glycolysis)의 결과, 유당 1몰(mole)은 이론적으로는 세포내 에너지원인 두 분자의 ATP 생성과 함께 1몰의 갈락토오스와 2몰의 유산으로 전환되는 반응.

유청단백질(Whey protein). 나선형(α-helix) 구조를 지닌 구상형 분자로 구성되어 있고, 산/염기 및 소수성/친수성 아미노산이 이들의 폴리펩타이드 사슬을 따라 상당히 균형을 이루어 분포하고 있음. 한외여과(ultrafiltration), 역삼투(reverse osmosis) 및 미세여과(microfiltration) 등과 같은 막 여과기술의 발달로 인하여 유청 분말(whey powder), 농축유청단백질(WPC, whey protein concentrate), 분리유청단백질(WPI, whey protein isolate)을 포함한 다양한 유청단백질 제품이 생산되고 있음.

인터루킨(Interleukin, IL). 백혈구 및 일부 다른 체세포에서 발현되고 분비되는 사이토카인 그룹. 인간 유전체는 50개 이상의 인터루킨 및 관련 단백질을 암호화 한다. 면역계의 기능은 주로 인터루킨에 의존하며, 대부분의 인터루킨은 단핵구, 대식세포 및 내피세포를 통해서 뿐만 아니라 보조 T세포에 의해 합성됨. 이들은 T세포 및 B세포, 조혈세포의 발달 및 분화를 촉진함.

자연살해세포(natural killer cell, NK cell). 선천면역세포 중의 하나로 암세포에 대해 선택적인 세포독성을 보이는 세포임, 자연살해세포는 다른 면역세포와 달리 암세포를 즉각적으로 감지하여 바로 제거할 수 있는데, 이것은 자연살해세포 표면에 존재하는 다양한 면역수용체(immune receptor)를 통해 암세포와 정상 세포를 구분할 수 있기 때문임.

잔탄검(Xanthan gum). 미생물인 *Xanthomonas campestris*가 포도당을 산화하여 생성하는 검류인 세포밖다당류로서, 주 골격은 선형의 (1-4)-β-D-glucose이다. 요구르트에 사용하는 경우 제품의 조직과 굳기의 개선은 물론 유청분리 현상을 방지하는 효과가 있음.

저온살균(Low pasteurization). 우유를 63~65℃, 20분 또는 72~75℃, 15~20초(HTST, high temperature short time)간 열처리하는 살균법, 저온살균 공정에서 대부분의 병원균, 생식세포, 효모 및 곰팡이 등이 사멸함.

저지 젖소(Jersey dairy cattle). 영국 채널제도의 저지섬이 원산지인 체형이 다소 작은 젖소의 한 품종(연한 황갈색의 모색)이다. 영국 왕실의 전용 우유를 공급할 목적으로 1848년부터 윈저성에서도 사육을 시작하였으며, 이로 인해 저지(Jersey) 젖소에서 생산한 우유를 로열 밀크(Royal Milk) 또는 높은 지방 함량으로 인해 황색을 띠고 있어 골든 밀크(Golden milk)로 부르기도 함.

제2형 당뇨병. 가장 흔한 당뇨병이며, 체내에서 인슐린은 잘 생성되지만, 이에 대한 저항성이 나타나는 경우를 의미(인슐린의 적절한 사용이 잘 안 되는 증상)한다. 성인 당뇨병 또는 인슐린 비의존성 당뇨병으로 부르기도 함.

젤라틴(Gelatin). 동물의 피부나 뼈로부터 추출, 정제한 천연 단백질이며, 사용량은 약 0.6% 수준이다. 동물의 연결조직(collagen)으로부터 산 가수분해 후 열수 추출하여 생산하고, 친수성 콜로이드 또는 수용성 폴리머의 일종.

카라기난(Carrageenan). 붉은 해초류(Rhodophyceae)에서 추출하며, 1,4-linked α-D-galactose와 1,3-linked-β-D-galactose가 반복되는 서열로 연결된 선형 갈락탄

(galactan)의 골격을 지닌 다당류이다. 카파(κ)-카라기난은 요구르트에 있어 카제인과 매우 안정적인 구조를 형성하여, 수분 결합능력을 증진시켜 유청분리 현상을 방지함.

카제인(Casein). 우유 전체 단백질의 약 80%를 차지, 탈지유에 산을 첨가하는 등전침전(pH 4.6, isoelectric precipitation) 또는 렌넷 작용에 의한 응고(coagulation)를 통하여 생산되는 치즈의 부산물인 유청(whey)으로부터 생산.

콜라겐(Collagen). 포유동물 체단백질의 약 30% 이상을 차지하고 있으며, 특히 근육, 연골, 뼈, 피부, 혈관벽 및 치아 등에 주로 분포함. 진피조직에서는 건조 중량의 90% 이상이 콜라겐 단백질로 구성됨.

케피어(Kefir). 북부 코카서스 산악지방(Cauccasus mountains)에서 기원한 발효 유제품으로서, 중동을 포함한 동유럽 및 러시아 지역에서 널리 소비되고 있는 발효유의 일종. 유산균 스타터를 사용하지 않고, 케피어 그레인(Kefir grain)을 접종하여 배양하는 것이 특징.

케피어 그레인(Kefir grain). 작은 꽃양배추(cauliflower)의 꽃송이를 닮음. 길이가 0.3～3cm이고, 가장자리는 불규칙한 다소엽성(multilobular)의 표면에 백색～황백색의 색상을 띠고 있으며, 다소 끈적끈적하지만 조직은 단단하다. 집에서 매일 신선한 우유를 가지고 증식시키야 함.

캐러멜화(Caramelization). 탄수화물이 질소화합물(단백질) 없이 가열할 때 발생하며, 감미, 견과류 맛 그리고 색상의 갈색화가 일어나게 됨.

키셀로 믈랴코(Kiselo mlyako). 불가리아식 전통 요구르트.

쿠미스(Koumiss). 말의 젖을 유당발효성 효모와 락트산간균(*Lactobacillus acidophilus*)으로 발효시켜 제조한 알코올 발효유이다. 중앙아시아와 시베리아 지방에서 옛날부터 이용되어 왔으며, 알코올 농도는 약 3%에 달하고, 마유주라 부르기도 함.

티 세포(T cell). T 림프구(T lymphocyte)로도 불림. 항원 특이적인 적응 면역을 주관하는 림프구의 하나로서, 가슴샘(thymus)에서 성숙하기 때문에 첫 글자를 따서 T 세포라 명명함. 전체 림프구 중 약 4분의 3이 T세포임. 살해 T세포(killer T cell 또는 cytotoxic T cell), 도움 T세포(helper T cell), 조절 T세포(regulatory T cell) 및 기억 T세포(memory T cell) 4종이 있음.

파라바이오틱스(Parabiotics). 사멸시켜 활성화가 정지된 프로바이오틱스의 사균체로서, 적절한 양으로 투여될 때 숙주에게 건강상 이익을 제공하는 물질.

펙틴(Pectin). 과일이나 채소의 세포벽에 있는 비결정성 다당류서 주성분은 갈락투론산(galacturonic acid) 또는 이의 메틸 에스터 (methyl ester)임. 메톡실 펙틴은 카복시기(R-COOH)가 에스테르화 되어 메톡시(methoxy, $-CH_3O$) 함량이 50% 이상 또는 메틸기(CH_3-)가 7% 이상인 경우 HM 펙틴, 그리고 카복시기가 에스테르화 되어 메톡시 함량이 50% 이하 또는 메틸기가 7% 이하인 경우에는 LM 펙틴으로 분류함. 또한 메틸기 대신에 아민기($R-NH_2$)가 붙은 아미드 펙틴이 있음.

포스트바이오틱스(Postbiotics). 프로바이오틱스 또는 이를 통하여 방출된 분자의 대사 활성에 의해서 직접 또는 간접적으로 숙주에게 유익한 효과를 줄 수 있는 모든 인자로 정의함. 이후 2019년에 숙주에게 건강 증진 효과를 제공하는 사균(inanimate bacterias) 또는 이들의 구성 성분으로 다시 정의됨.

표준화(Standardization). 생산하려는 제품의 종류와 규격에 따라 원료 우유의 조성분 함량을 조정하여 완제품의 조성분 규격에 맞추는 작업. 탈지분유, 카제인 나트륨, 농축유청단백질 분말 및 분리유청단백질 분말 등이 사용됨.

프락토올리고당(Fructooligosaccharides). 설탕 분자 하나에 과당 분자 1～3개가 결합되어 있는 단쇄 올리고당이며, 감미도는 설탕 대비 30～50% 수준이다. 국내에서는 주로 원료 설탕을 효소처리를 하여 만드는데, 유럽(벨기에, 네덜란드)의 경우는 치커리로부터 이눌린을 추출하여 제조되고 있음.

프로바이오틱스(Probiotics). 적절한 양을 투여하였을 때 숙주(host)에게 건강상의 이점을 제공해 줄 수 있는 살아있는 생균. “생명을 위한(for life)”을 의미하는 그리스 단어에서 유래되었으며, 살아있는 비병원성 미생물(living non-pathogenic organisms)이 숙주에 대한 유익한 효과를 나타내는 것으로 정의함.

프리바이오틱스(Prebiotics). “대장 또는 결장(colon)에서 한 종 또는 제한된 수의 미생물에 대한 성장 및 활성을 선택적으로 자극하여 숙주(host)에게 유익한 영향을 미치는 비소화성 식품 원료(nondigestible food ingredient)”로 정의함. 2004년에 “선택적으로 발효되는 원료로서, 장관내 미생물총의 구성 및 활성을 변화시켜 숙주의 건강과 복지(wellbeing)에 도움을 주는 것”으로 재정의 됨.

차지키(Tzatziki). 그리스에서 그릭 요구르트(strained yogurt)로 만든 전통 소스로서, 그릭 요구르트에 주로 오이, 마늘, 소금, 올리브 오일 때로는 식초 또는 레몬주스와 허브의 일종인 딜(dill), 박하(mint), 파슬리(parsley) 및 백리향(thyme) 등을 섞어 만듦.

청정(Clarification). 목장에서 착유한 원유는 착유과정에서 먼지, 가축의 털, 사료물질 및 기타 티끌 등이 혼입될 수 있음. 수유과정에서 여과포, 미세한 스테인리스 스틸망 및 청정기 등을 이용하여 이러한 이물질을 제거하는 공정.

초고온살균(Ultra high temperature). 멸균처리와 동일한 수준의 미생물 사멸, 풍미 악화와 유청단백질(β-lactoglobulin, serum albumin, 일부 immmunoglobulin) 변성의 최소화를 목적으로 145℃, 1~2초간 열처리하는 공정.

항상성(Homeostasis). 다양한 자극에 반응하여 개체 혹은 세포의 상태를 일정하게 유지하려는 성질을 의미함. 주변 환경에 의해 깨진 평형상태를 원래대로 복구하여 최적화된 상태로 만들려고 하는 것을 항상성 유지라 하며, 대부분의 생명현상이 항상성 유지와 관련되어 있음.

헤테로발효 미생물(Heterofermentative bacteria). *Leuconostoc*와 *Weissella*(와이셀라, 비교적 최근에 발견된 류코노스톡속과 유사한 젖산균 속)가 있고, 포도당으로부터 유산 이외에 CO_2와 에탄올을 생산하는 것이 특징.

호모발효 미생물(Homofermentative bacteria). *Pediococcus, Lactococcus* 및 *Strepto-coccus* 등이 포함되며, 유산(젖산)이 포도당 발효로부터 생성되는 유일한 생성물임.

찾아보기

ㄱ

ㅁ

ㅂ

ㅇ

ㅈ

ㅊ

ㅋ

Index

A

B

C

N

O

P

Q

R

S

X

Y

β

요구르트 제조의 실제

2023년 7월 10일 초판 인쇄
2023년 7월 15일 초판 발행

저 자 : 금종수
펴낸이 : 천승배
펴낸곳 : 도서출판 유한문화사

주소 : 경기도 고양시 덕양구 지도로124번길 8-35
전화 : 2668-2055
팩스 : 2668-2565
http://www.yuhansa.com
E-mail : yuhansa@hanmail.net
등록 : 제 5-31호. 1979. 3. 6.

값 26,000 원

ISBN : 978-89-7722-739-2 03590

저자와의 협의에 의해 인지는 생략합니다.